《双碳目标下"多能融合"技术图解》编委会

编委会主任：

刘中民　中国科学院大连化学物理研究所，中国工程院院士

编委会副主任：

蔡　睿　中国科学院大连化学物理研究所，研究员

编委会委员（以姓氏笔画排序）：

王志峰　中国科学院电工研究所，研究员

王国栋　东北大学，中国工程院院士

王建强　中国科学院上海应用物理研究所，研究员

王艳青　中国科学院大连化学物理研究所，高级工程师

王集杰　中国科学院大连化学物理研究所，研究员

叶　茂　中国科学院大连化学物理研究所，研究员

田亚峻　中国科学院青岛生物能源与过程研究所，研究员

田志坚　中国科学院大连化学物理研究所，研究员

吕清刚　中国科学院工程热物理研究所，研究员

朱文良　中国科学院大连化学物理研究所，研究员

朱汉雄　中国科学院大连化学物理研究所，高级工程师

任晓光　中国科学院大连化学物理研究所/榆林中科洁净能源创新研究院，
　　　　正高级工程师

刘中民　中国科学院大连化学物理研究所，中国工程院院士

许明夏　大连交通大学，副教授

孙丽平　国家能源集团技术经济研究院，工程师

严　丽　中国科学院大连化学物理研究所，研究员

杜　伟	中国科学院大连化学物理研究所，正高级工程师
李　睿	上海交通大学，教授
李先锋	中国科学院大连化学物理研究所，研究员
李婉君	中国科学院大连化学物理研究所，研究员
杨宏伟	国家发展和改革委员会能源研究所，研究员
肖　宇	中国科学院大连化学物理研究所，研究员
何京东	中国科学院重大科技任务局，处长
汪　澜	中国建筑材料科学研究总院，教授
汪国雄	中国科学院大连化学物理研究所，研究员
张　晶	大连大学，教授
张宗超	中国科学院大连化学物理研究所，研究员
陈　伟	中国科学院武汉文献情报中心，研究员
陈忠伟	中国科学院大连化学物理研究所，加拿大皇家科学院院士、加拿大工程院院士
陈维东	中国科学院大连化学物理研究所/榆林中科洁净能源创新研究院，副研究员
邵志刚	中国科学院大连化学物理研究所，研究员
麻林巍	清华大学，副教授
彭子龙	中国科学院赣江创新研究院，纪委书记/副研究员
储满生	东北大学，教授
路　芳	中国科学院大连化学物理研究所，研究员
蔡　睿	中国科学院大连化学物理研究所，研究员
潘立卫	大连大学，教授
潘克西	复旦大学，副教授
潘秀莲	中国科学院大连化学物理研究所，研究员
魏　伟	中国科学院上海高等研究院，研究员

DIAGRAMS FOR
MULTI-ENERGY INTEGRATION
TECHNOLOGIES TOWARDS DUAL CARBON TARGETS

双碳目标下"多能融合"技术图解

蔡 睿　刘中民　总主编

二氧化碳捕集、利用及封存

李婉君　杨丽平　杜 伟　主编

化学工业出版社

·北京·

内容简介

《二氧化碳捕集、利用及封存》以图解形式介绍了碳捕集、利用与封存（CCUS）技术的发展历程、现状和未来趋势。全书共分为八章，全面系统地介绍了CCUS的提出背景与演变过程，同时概述了国内外CCUS领域相关的政策、项目与技术现状，总结梳理了CCUS各环节的典型技术清单及发展路径、CCUS技术的应用场景与耦合减排模式及典型项目案例，探讨分析了CCUS各环节的经济性与典型CO_2利用技术的成本核算。采用文献和专利计量法对CCUS技术进行领域发展趋势分析，通过剖析当前CCUS产业化过程中面临的挑战、现有产业驱动模式和商业模式，提出进一步推动CCUS产业发展的对策建议。本书内容丰富，重点突出，并配备了大量图表，便于读者更深入地理解CCUS技术。

本书可供从事气候治理、环境保护以及碳减排、碳捕集、碳利用技术研究和应用的人员参考阅读，也适合对CCUS技术发展感兴趣的社会各界人士阅读。

图书在版编目（CIP）数据

二氧化碳捕集、利用及封存 / 李婉君，杨丽平，杜伟主编. -- 北京：化学工业出版社，2024.11.
（双碳目标下"多能融合"技术图解 / 蔡睿，刘中民总主编）. -- ISBN 978-7-122-45917-6

Ⅰ.X701.7

中国国家版本馆CIP数据核字第2024CP6030号

责任编辑：满悦芝　郭宇婧　杨振美　　装帧设计：张　辉
责任校对：李雨函

出版发行：化学工业出版社（北京市东城区青年湖南街13号　邮政编码100011）
印　　装：北京瑞禾彩色印刷有限公司
710mm×1000mm　1/16　印张14　字数177千字　2025年3月北京第1版第1次印刷

购书咨询：010-64518888　　　　　　　　　售后服务：010-64518899
网　　址：http://www.cip.com.cn
凡购买本书，如有缺损质量问题，本社销售中心负责调换。

定　　价：98.00元　　　　　　　　　　　　版权所有　违者必究

本书编写人员名单

主　　编：李婉君　杨丽平　杜　伟

参　　编：王艳青　王春博　郭　琛

　　　　　刘正刚　张小菲　李　甜

　　　　　袁小帅　黄冬玲

序言

2014年6月13日，习近平总书记在中央财经领导小组第六次会议上提出"四个革命、一个合作"能源安全新战略，推动我国能源发展进入新时代。2020年9月22日，习近平主席在第七十五届联合国大会一般性辩论上郑重宣布：中国将提高国家自主贡献力度，采取更加有力的政策和措施，二氧化碳排放力争于2030年前达到峰值，努力争取2060年前实现碳中和（以下简称"碳达峰碳中和目标"）。实现碳达峰碳中和目标，是以习近平同志为核心的党中央统筹国内国际两个大局作出的重大战略决策，是着力解决资源环境约束突出问题，实现中华民族永续发展的必然选择，是构建人类命运共同体的庄严承诺。二氧化碳排放与能源资源的种类、利用方式和利用总量直接相关。我国碳排放量大的根本原因在于能源及其相关的工业体系主要依赖化石资源。如何科学有序推进能源结构及相关工业体系从高碳向低碳/零碳发展，如何在保障能源安全的基础上实现"双碳"目标（即碳达峰碳中和目标），同时支撑我国高质量可持续发展，其挑战前所未有，任务异常艰巨。在此过程中，科技创新必须发挥至关重要的引领作用。

经过多年发展，我国能源科技创新取得重要阶段性进展，有力保障了能源安全，促进了产业转型升级，为"双碳"目标的实现奠定了良好基础。中国科学院作为国家战略科技力量的重要组成部分，历来重视能源领域科技和能源安全问题，先后组织实施了"未来先进核裂变能""应对气候变化的碳收支认证及相关问题""低阶煤清洁高效梯级利用""智能导钻技术装备体系与相关理论研究""变革性纳米技术聚焦""变革性洁净能源关键技术与示范"等A类战略性先导科技专项。从强化核能、煤炭等领域技术研究出发，逐步推动了面向能源体系变革的系统化研究部署。"双碳"问题，其本质主要还是能源的问题。要实现"碳达峰碳中和目标"，我国能源结构、生产生活方式将需要颠覆性变革，必须以新理念重新审视传统能源体系和工业生产过程，协同推进新型能源体系建设、工业低碳零碳流程再造。

"多能融合"理念与技术框架是以刘中民院士为代表的中国科学院专家经过多年研究，针对当前能源、工业体系绿色低碳转型发展需求，提出的创新理念和技术框架。"多能融合"理念与技术框架提出以来，经过不断丰富、完善，已经成为中国科学院、科技部面向"双碳"目标的技术布局的核心系统框架之一。

为让读者更加系统、全面了解"多能融合"理念与技术框架，中国科学院大连化学物理研究所组织编写了双碳目标下"多能融合"技术图解丛书，试图通过翔实的数据和直观的图示，让政府管理人员、科研机构研究人员、企业管理人员、金融机构从业人员及大学生等广大读者快速、全面把握"多能融合"的理念与技术框架，加深对双碳愿景下的能源领域科技创新发展方向的理解。

本丛书的具体编写工作由中国科学院大连化学物理研究所低碳战略研究中心承担，编写团队基于多能融合系统理念，围绕化石能源清洁高效利用与耦合替代、可再生能源多能互补与规模应用、低碳与零碳工业流程再造和低碳化智能化多能融合等四条主线，形成了一套 6 册的丛书，分别为《"多能融合"技术总论》及"多能融合"技术框架中的各关键领域，包括《化石能源清洁高效开发利用与耦合替代》《可再生能源规模应用与先进核能》《储能氢能与智能电网》《终端用能低碳转型》《二氧化碳捕集、利用及封存》。

本丛书获得了中国科学院 A 类战略性先导科技专项"变革性洁净能源关键技术与示范"等项目支持。在编写过程中，成立了编写委员会，统筹指导丛书编写工作；同时，也得到了多位国内外知名专家学者的指导与帮助，在此表达真诚的感谢。但因涉及领域众多，编写过程中难免有纰漏之处，敬请各位专家学者及广大读者批评指正。

蔡　睿

2024 年 10 月

前言

全球气候变暖问题日益严峻,已经对全球自然生态系统产生了显著影响,成为威胁人类可持续发展的主要因素之一,减少温室气体尤其是 CO_2 的排放以应对气候变化带来的不利影响成为当今国际社会关注的焦点。碳捕集、利用与封存(CCUS)技术作为一种新兴的实现大规模温室气体减排的方法,能够将 CO_2 从工业过程、能源利用或大气中分离出来,直接加以利用或注入地层中。因此,CCUS 技术是能够实现高碳能源低碳利用的技术,也是能够实现负碳排放的技术。近年来,我国在 CCUS 领域取得了显著的进展,已围绕 CCUS 相关理论、关键技术和配套政策等方面开展了很多工作,建立了一批专业的研究队伍,取得了一些技术成果,成功开展了工业级的技术示范等,但 CCUS 技术总体上还处于研发和示范的阶段,面临着技术、经济、市场、环境和政策等方面的问题与挑战。

鉴于此,本书针对 CCUS 领域的政策、技术、产业等进行了分析介绍,共分为八章。第一章首先介绍了全球温室气体排放情况及 CCUS 技术的提出背景与发展演变过程,说明 CCUS 技术发展的必要性和重要性,进一步阐明了 CCUS 的技术内涵与碳中和愿景下 CCUS 的作用,使读者对 CCUS 技术有初步的概况性认识。第二章详细介绍了国内外 CCUS 战略布局、政策动态、项目规划、技术发展的现状。第三章按照 CCUS 的不同技术环节进行了详细的分类介绍,分析对比了 CCUS 各环节典型技术的优缺点以及国内外技术的成熟度,进一步得出 CCUS 领域技术发展路径,说明 CCUS 技术研究的必要性和迫切性,使读者对 CCUS 技术有进一步的了解。第四章重点阐述了 CCUS 与重点行业和领域的耦合减排模式,同时对 CCUS 技术与不同行业耦合过程中的共性技术和差异化技术进行了对比分析,并总结了难减排行业的典型示范项目案例和先进经验。第五章中对 CCUS 不同环节的技术经济性进行了分析,并且选取了典型的

CO_2 利用技术对其成本效益进行了计算，以反映 CCUS 技术的发展潜力和可行性。第六章与第七章采用文献和专利数据信息对 CCUS 领域技术发展态势进行了分析，包括年度发展趋势、国家 / 地区分布、主要研究机构分布等，以厘清 CCUS 技术当前基础研究的热点方向和未来工业化应用的发展方向。第八章从中国 CCUS 领域的 SWOT 分析入手，得出 CCUS 产业化过程中面临的挑战和难题，梳理现有产业驱动模式和商业模式，最终提出进一步推动 CCUS 产业发展的对策建议。

  本书的内容涵盖了 CCUS 领域的政策、技术、产业等多个方面，有助于读者全面了解 CCUS 技术，同时促进 CCUS 领域涉及的不同行业间的合作和互联互通。CCUS 技术是涉及多学科、综合性很强的新兴领域，由于笔者专业和水平有限，文中不妥及疏漏之处恳请各位专家、学者批评指正。

编　者

2024 年 11 月

目 录

1 绪论 / 1

1.1 CCUS的提出背景与发展演变 ………………………………… 1
1.1.1 CCUS概念的提出 ………………………………………… 1
1.1.2 CCUS概念的发展与演变 ………………………………… 4
1.1.3 CCUS技术的环节与内涵 ………………………………… 7

1.2 碳中和愿景下CCUS的作用 …………………………………… 8

2 国内外发展现状 / 11

2.1 全球CCUS发展现状 …………………………………………… 11
2.1.1 政策现状 …………………………………………………… 11
2.1.2 项目现状 …………………………………………………… 12
2.1.3 技术现状 …………………………………………………… 19

2.2 中国CCUS发展现状 …………………………………………… 19
2.2.1 政策现状 …………………………………………………… 19
2.2.2 项目现状 …………………………………………………… 23
2.2.3 技术现状 …………………………………………………… 23

3 技术清单 / 25

3.1 典型技术清单 …………………………………………………… 26
3.1.1 捕集技术 …………………………………………………… 26
3.1.2 运输技术 …………………………………………………… 35
3.1.3 生物利用技术 ……………………………………………… 37
3.1.4 化工利用技术 ……………………………………………… 39
3.1.5 地质利用与封存技术 ……………………………………… 49
3.1.6 负碳技术 …………………………………………………… 57

3.2 关键科学问题 …………………………………………………… 60

3.3 颠覆性技术清单 ………………………………………………… 62
3.3.1 阿拉姆循环 ………………………………………………… 62
3.3.2 CO_2电化学捕集技术 …………………………………… 63
3.3.3 CO_2矿化发电技术 ……………………………………… 63
3.3.4 CO_2矿化固化混凝土新技术 …………………………… 63

3.3.5　微生物气体发酵技术 …………………………… 66
　　　3.3.6　CO_2捕集–矿化利用一体化技术 ………………… 66
　3.4　CCUS技术发展路径 …………………………………… 67
　　　3.4.1　捕集技术发展路径 …………………………… 68
　　　3.4.2　运输技术发展路径 …………………………… 70
　　　3.4.3　利用与封存技术发展路径 …………………… 70
　　　3.4.4　系统集成化发展路径 ………………………… 75

4　应用场景与减排模式　/ 77

　4.1　与重点行业耦合减排模式 …………………………… 77
　　　4.1.1　CCUS与火电行业 …………………………… 77
　　　4.1.2　CCUS与钢铁行业 …………………………… 80
　　　4.1.3　CCUS与水泥行业 …………………………… 88
　　　4.1.4　CCUS与石化化工行业 ……………………… 93
　4.2　与新能源耦合利用模式 ……………………………… 98
　　　4.2.1　CCUS与可再生能源 ………………………… 98
　　　4.2.2　CCUS与氢能 ………………………………… 100
　4.3　CCUS典型项目案例 …………………………………… 101

5　技术经济性分析　/ 118

　5.1　捕集环节 ……………………………………………… 120
　5.2　运输环节 ……………………………………………… 122
　5.3　利用环节 ……………………………………………… 124
　　　5.3.1　CO_2加氢合成甲醇 …………………………… 125
　　　5.3.2　CO_2加氢合成甲烷 …………………………… 129
　　　5.3.3　CO_2电催化还原 ……………………………… 132
　　　5.3.4　CO_2矿化养护混凝土 ………………………… 134
　　　5.3.5　微藻固定CO_2制备生物柴油 ………………… 135
　5.4　封存环节 ……………………………………………… 137

6　CCUS专利技术概况　/ 138

　6.1　全球专利态势分析 …………………………………… 139
　　　6.1.1　专利申请趋势 ………………………………… 139
　　　6.1.2　专利技术来源地 ……………………………… 140
　　　6.1.3　领先研发主体 ………………………………… 140
　　　6.1.4　专利技术构成 ………………………………… 142
　　　6.1.5　专利布局情况 ………………………………… 143

6.1.6 专利技术运营 …………………………………… 144
6.1.7 专利法律状态 …………………………………… 145
6.1.8 小结 ………………………………………………… 146
6.2 中国专利态势分析 …………………………………… 146
6.2.1 专利申请趋势 …………………………………… 146
6.2.2 专利技术来源地 ………………………………… 147
6.2.3 领先研发主体 …………………………………… 150
6.2.4 专利技术构成 …………………………………… 151
6.2.5 专利布局情况 …………………………………… 152
6.2.6 专利技术运营 …………………………………… 152
6.2.7 专利法律状态 …………………………………… 153
6.2.8 小结 ………………………………………………… 154

7 CCUS论文分析 / 156

7.1 全球论文态势分析 …………………………………… 156
7.1.1 发文时间趋势 …………………………………… 156
7.1.2 文献发表来源 …………………………………… 157
7.1.3 研究方向分布 …………………………………… 160
7.2 中国论文态势分析 …………………………………… 164
7.2.1 发文时间趋势 …………………………………… 164
7.2.2 文献发表来源 …………………………………… 164
7.2.3 研究方向分布 …………………………………… 166

8 CCUS产业挑战、产业模式及发展建议 / 168

8.1 CCUS产业挑战 ………………………………………… 168
8.2 CCUS产业模式 ………………………………………… 170
8.2.1 产业驱动模式 …………………………………… 170
8.2.2 商业模式 ………………………………………… 171
8.3 CCUS产业发展建议 …………………………………… 174
8.3.1 技术研发和产业发展方面 ……………………… 174
8.3.2 配套政策标准方面 ……………………………… 175
8.3.3 区域规划布局方面 ……………………………… 175

参考文献 / 177

附表1 中国CCUS相关政策规划 / 185

附表2 中国CCUS相关标准指南 / 199

图　表

图1-1　2021年全球一次能源消费结构 ………………………… 2
图1-2　2021年全球各地区能源消耗产生的CO_2排放量 ……… 3
图1-3　2019—2022年全球各相关部门CO_2排放情况 ………… 3
图1-4　2000—2021年全球各工业行业直接产生的CO_2
　　　 排放量 ……………………………………………………… 4
图1-5　2021年我国能源消费结构 ……………………………… 5
图1-6　2020年我国各行业因煤炭消费产生的碳排放占比 …… 5
图1-7　CCUS各技术环节示意图 ………………………………… 8
图1-8　CCUS产业链 ……………………………………………… 10
图2-1　主要发达国家或地区的CCUS战略部署 ………………… 13
图2-2　全球CCUS发展历程 ……………………………………… 14
图2-3　2010—2022年全球大规模CCUS项目数量 …………… 15
图2-4　2020—2030年大规模CCUS项目CO_2捕集量 ……… 15
图2-5　全球CCUS项目数量分地区占比 ………………………… 16
图2-6　CCUS项目数量前10的国家及相应的CCUS hubs
　　　 数量 ………………………………………………………… 17
图2-7　全球CCUS典型项目发展历程 …………………………… 18
图2-8　中国在CCUS领域的发展历程 …………………………… 21
图2-9　中国CCUS相关政策规划累计数量 ……………………… 22
图2-10　中国CCUS示范项目捕集源分布 ……………………… 23
图2-11　中国CCUS示范项目利用与封存方向分布 …………… 24
图3-1　典型的CCS全流程示意图 ……………………………… 25
图3-2　捕集技术的三种分类方式 ……………………………… 27
图3-3　捕集技术一般分类的工艺流程图 ……………………… 28
图3-4　传统有机胺化学吸收法工艺流程图 …………………… 30
图3-5　PSA工艺流程图 ………………………………………… 30
图3-6　三级膜分离过程示意图 ………………………………… 31
图3-7　化学吸附法工艺流程图 ………………………………… 32
图3-8　燃料富氧燃烧流程示意图 ……………………………… 33
图3-9　化学链燃烧技术原理示意图 …………………………… 33
图3-10　典型捕集技术参数对比图 ……………………………… 34

图 3-11	CO_2 运输环节示意图	36
图 3-12	微藻固定 CO_2 制备生物燃料和化学品原理示意图	38
图 3-13	CO_2 甲烷重整工艺流程	42
图 3-14	CO_2 加氢制甲醇（即液态阳光技术）工艺流程	42
图 3-15	CO_2 电还原过程	43
图 3-16	CO_2 光还原过程	44
图 3-17	CO_2 和甲醇间接制碳酸二甲酯反应式	45
图 3-18	CO_2 和环氧丙烷制可降解聚合物反应式	45
图 3-19	CO_2 合成异氰酸酯反应式	46
图 3-20	CO_2 间接合成 PET（a）、PES（b）、PC（c）反应式	46
图 3-21	2050 年我国 CO_2 化工与生物利用技术产能预测	48
图 3-22	2050 年我国 CO_2 化工与生物利用技术产值预测	48
图 3-23	2050 年我国 CO_2 化工与生物利用技术减排潜力预测	49
图 3-24	地质封存圈闭机制	51
图 3-25	CO_2 铀矿浸出增采工艺流程示意图	54
图 3-26	CO_2 原位矿化封存示意图	55
图 3-27	CO_2 驱水示意图	56
图 3-28	2050 年我国地质利用与封存技术减排潜力预测	57
图 3-29	BECCS 示意图	58
图 3-30	S-DAC 示意图	59
图 3-31	L-DAC 示意图	60
图 3-32	CCUS 领域重大科学与技术问题	61
图 3-33	阿拉姆循环示意图	62
图 3-34	电化学捕集技术示意图	64
图 3-35	矿化电池原理示意图	65
图 3-36	CO_2 固化混凝土技术优势	66
图 3-37	微生物气体发酵技术流程示意图	66
图 3-38	捕集-矿化利用一体化技术示意图	67
图 3-39	捕集技术发展路径	69
图 3-40	运输技术发展路径	71
图 3-41	利用技术发展路径	73
图 3-42	地质封存技术发展路径	74
图 3-43	系统集成化发展路径	76
图 4-1	CCUS 与重点行业融合技术	78
图 4-2	CCUS 与电力行业耦合减排模式	79

图 4-3	传统高炉与氧气高炉的工艺流程图	87
图 4-4	炼钢耦合CO_2捕集转化制合成气工艺流程图	87
图 4-5	钙循环法/钙回路法工艺流程图	91
图 4-6	富氧燃烧应用于水泥厂示意图	92
图 4-7	水泥生产与碳捕集一体化新技术示意图	93
图 4-8	低温甲醇洗与CO_2捕集耦合流程图	97
图 4-9	石化化工行业中由CO_2制得合成气和甲醇平台后的下游产品	97
图 4-10	SOEC共电解原理图	98
图 4-11	CCUS与可再生能源的耦合模式	99
图 4-12	CCUS与氢能的耦合模式	101
图 4-13	MHI的CO_2捕获工艺流程图（KM-CDR工艺™）	102
图 4-14	壳牌CANSOLV™ CO_2捕获工艺流程图	105
图 4-15	巴斯夫OASE®的两级吸收系统	108
图 4-16	挪威北极光项目	109
图 4-17	C-Capture的捕集技术示意图	110
图 4-18	中石化百万吨级CCUS项目及其产业链	112
图 4-19	具有宝钢特色的Bao-CCU概念设计图	114
图 4-20	海螺集团芜湖白马山水泥厂CO_2捕集纯化工艺流程图	115
图 4-21	微藻固碳及生物资源化利用流程示意图	116
图 5-1	CCUS项目经济成本各环节占比	119
图 5-2	CCUS项目经济性分析方法	119
图 5-3	CO_2捕集成本的影响因素	120
图 5-4	按行业和初始CO_2浓度划分的CO_2捕集成本	121
图 5-5	三种运输方式成本核算边界	122
图 5-6	不同运输量的CO_2船舶运输和陆上管道运输成本	123
图 5-7	不同运输距离的CO_2船舶运输和陆上管道运输成本	123
图 5-8	CO_2化学利用制备燃料和化学品技术路径	124
图 5-9	CO_2加氢转化技术典型催化条件	126
图 5-10	CO_2加氢制甲烷流程图	130
图 5-11	CO_2加氢制甲烷的生产成本随规模变化曲线	131
图 5-12	CO_2加氢制甲烷敏感性分析（单位：美元/GJ）	131
图 5-13	CO_2电还原制CO的流程示意图	132
图 5-14	CO_2RR制CO产品的敏感性分析（单位：元/kg）	133
图 5-15	不同情景下CO产品的成本分布	133
图 5-16	CO_2矿化养护混凝土流程示意图	134

图 5-17　CO_2 矿化养护混凝土的生产成本随规模变化曲线 ⋯135
图 5-18　微藻固定 CO_2 制备生物柴油流程示意图 ⋯⋯⋯⋯⋯136
图 5-19　微藻固定 CO_2 制备生物柴油的生产成本随
　　　　 规模变化曲线 ⋯⋯⋯⋯⋯⋯⋯⋯⋯⋯⋯⋯⋯⋯⋯⋯136
图 5-20　CCUS各环节技术成本 ⋯⋯⋯⋯⋯⋯⋯⋯⋯⋯⋯137
图 6-1　全球CCUS专利申请时间趋势⋯⋯⋯⋯⋯⋯⋯⋯⋯139
图 6-2　全球CCUS专利技术来源地前10 ⋯⋯⋯⋯⋯⋯⋯141
图 6-3　全球CCUS领域领先研发主体⋯⋯⋯⋯⋯⋯⋯⋯⋯141
图 6-4　全球CCUS领域专利技术构成⋯⋯⋯⋯⋯⋯⋯⋯⋯142
图 6-5　全球CCUS领域专利布局情况（单位：项）⋯⋯⋯⋯143
图 6-6　全球CCUS领域专利技术运营情况⋯⋯⋯⋯⋯⋯⋯144
图 6-7　全球CCUS领域专利法律状态分布⋯⋯⋯⋯⋯⋯⋯145
图 6-8　中国CCUS专利申请时间趋势⋯⋯⋯⋯⋯⋯⋯⋯⋯147
图 6-9　中国CCUS专利技术来源省份/直辖市前10 ⋯⋯⋯148
图 6-10　中国CCUS专利技术来源省份/直辖市时序图⋯⋯⋯149
图 6-11　中国CCUS领域领先研发主体 ⋯⋯⋯⋯⋯⋯⋯⋯150
图 6-12　中国CCUS领域专利技术构成 ⋯⋯⋯⋯⋯⋯⋯⋯151
图 6-13　中国CCUS领域专利布局情况（单位：项）⋯⋯⋯152
图 6-14　中国CCUS领域专利技术运营情况 ⋯⋯⋯⋯⋯⋯153
图 6-15　中国CCUS领域专利法律状态分布 ⋯⋯⋯⋯⋯⋯154
图 7-1　CCUS领域发文量随时间变化趋势 ⋯⋯⋯⋯⋯⋯⋯157
图 7-2　CCUS领域发文量前10的国家 ⋯⋯⋯⋯⋯⋯⋯⋯158
图 7-3　CCUS领域国家/地区间合作网络图 ⋯⋯⋯⋯⋯⋯158
图 7-4　CCUS领域发文量前5的研究机构 ⋯⋯⋯⋯⋯⋯⋯159
图 7-5　CCUS领域研究机构发文量前50中各国研究
　　　　机构数量⋯⋯⋯⋯⋯⋯⋯⋯⋯⋯⋯⋯⋯⋯⋯⋯⋯159
图 7-6　CCUS领域SCI发文量前10的研究类别（a）和
　　　　发文量（b）⋯⋯⋯⋯⋯⋯⋯⋯⋯⋯⋯⋯⋯⋯⋯⋯160
图 7-7　CCUS领域SCI发文量前10的期刊（a）和
　　　　发文量（b）⋯⋯⋯⋯⋯⋯⋯⋯⋯⋯⋯⋯⋯⋯⋯⋯161
图 7-8　CCUS领域高被引论文关键词共现网络可视化图 ⋯⋯163
图 7-9　中国CCUS领域发文量随时间变化趋势⋯⋯⋯⋯⋯165
图 7-10　中国CCUS领域发文量前10的研究机构 ⋯⋯⋯⋯165
图 7-11　中国CCUS领域发文量前10的期刊 ⋯⋯⋯⋯⋯⋯166
图 7-12　中国CCUS领域发文量前10的学科分布 ⋯⋯⋯⋯167
图 7-13　中国CCUS领域高被引论文关键词共现网络
　　　　 可视化图⋯⋯⋯⋯⋯⋯⋯⋯⋯⋯⋯⋯⋯⋯⋯⋯⋯167

图 8-1　我国CCUS的SWOT分析 …………………………… 169
图 8-2　CCUS产业驱动模式激励政策 ……………………… 171
图 8-3　垂直整合CCUS商业模式 …………………………… 172
图 8-4　合资企业CCUS商业模式 …………………………… 172
图 8-5　CCUS运营商模式 …………………………………… 173
图 8-6　CCUS运输商模式 …………………………………… 173
图 8-7　CCUS产业集成概念框架图 ………………………… 176

表 3-1　不同捕集方式对比 …………………………………… 29
表 3-2　CO_2捕集技术总结 …………………………………… 34
表 3-3　CO_2运输技术总结 …………………………………… 37
表 3-4　CO_2生物利用技术总结 ……………………………… 39
表 3-5　CO_2化工利用技术总结 ……………………………… 39
表 3-6　CO_2地质利用技术总结 ……………………………… 49
表 3-7　两种DAC技术对比 ………………………………… 59
表 4-1　典型燃煤电厂CCUS示范项目 ……………………… 81
表 4-2　典型钢铁行业CCUS示范项目 ……………………… 86
表 4-3　典型水泥行业CCUS示范项目 ……………………… 90
表 4-4　典型石化化工行业CCUS示范项目 ………………… 95
表 4-5　佩特拉诺瓦项目信息 ………………………………… 103
表 4-6　边界大坝CCS项目信息 …………………………… 104
表 4-7　Quest CCS项目信息 ………………………………… 106
表 4-8　Tomakomai CCS项目信息 ………………………… 107
表 4-9　北极光项目信息 ……………………………………… 109
表 4-10　Drax BECCS项目信息 …………………………… 110
表 4-11　中石化齐鲁石化–胜利油田CCUS项目信息 …… 112
表 5-1　国内外CO_2加氢合成甲醇示范项目 ……………… 127
表 5-2　液态阳光甲醇生产成本明细 ………………………… 129
表 5-3　液态阳光甲醇生产成本随电价变化表 ……………… 129

1

绪论

1.1 CCUS的提出背景与发展演变

1.1.1 CCUS概念的提出

近年来,全球气候变暖问题越来越在世界范围内受到广泛关注。国际社会普遍认为大量化石燃料燃烧和人类活动所排放的CO_2等温室气体,造成了温室效应并进一步导致全球气候变暖,这已对人类社会的可持续发展构成了严重威胁。联合国政府间气候变化专门委员会(IPCC)的报告进一步指出如果不采用相应的方法和技术将大气中温室气体的浓度控制在一定的范围内,将会造成许多灾难性的后果,包括冰川融化、海平面上升、土壤沙漠化、极端天气增多等问题和生物物种消亡、农作物减产、水质下降等生态问题,因此降低CO_2排放量以积极应对气候变化所带来的全球性危机刻不容缓。

在所有的温室气体排放总量中能源行业的CO_2排放量占三分之二,

根据英国石油公司（BP）、国际能源署（IEA）和全球实时碳数据的统计数据，绘制得到了2021年全球一次能源消费结构和全球分地区、分相关部门和分工业行业的CO_2排放量统计图，具体见图1-1～图1-4。全球范围内，以煤、石油和天然气为主的化石能源消费量占能源消费总量的82%。就地区而言，亚太地区的CO_2排放量最多，约为177亿吨，占全球CO_2排放总量的52%左右；其次是北美地区，CO_2排放量为56亿吨左右。就相关部门而言，电力和工业部门是CO_2排放的主要来源。2020年全球各相关部门CO_2排放量较2019年均有不同程度下降。截至目前，由于各国社会经济活动复苏刺激了能源需求，各相关部门2022年CO_2排放量相比2021年均有不同程度的增加。其中，地面运输部门CO_2排放增加量最大，相比上一年增加了2.5%（1.6亿吨）；工业部门与电力部门均呈现小幅上升趋势，相较上一年分别增加了1.1%（1.1亿吨）和0.8%（1.1亿吨）。就工业部门而言，钢铁、水泥等行业碳排放占比较大，并且持续了20年左右的时间，未来需要在这些碳排放密集型行业中大力引入低碳技术以实现深度脱碳。

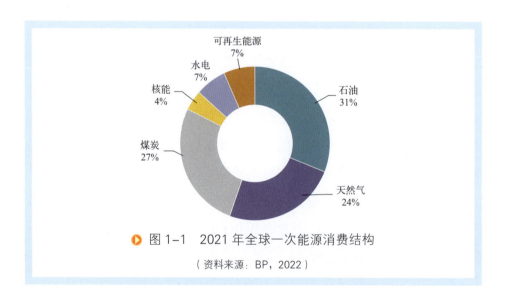

图1-1 2021年全球一次能源消费结构

（资料来源：BP，2022）

▶ 图1-2　2021年全球各地区能源消耗产生的CO_2排放量

（资料来源：IEA，2022）

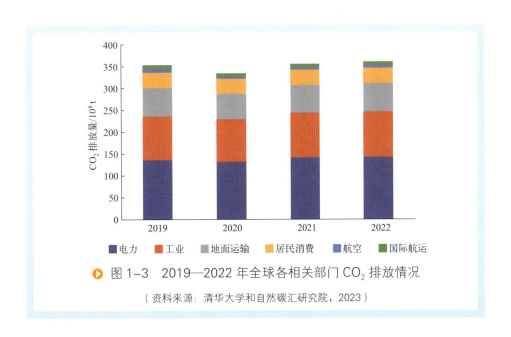

▶ 图1-3　2019—2022年全球各相关部门CO_2排放情况

（资料来源：清华大学和自然碳汇研究院，2023）

1　绪论　**3**

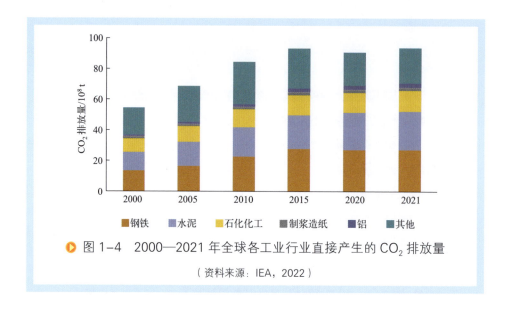

图 1-4 2000—2021 年全球各工业行业直接产生的 CO_2 排放量

(资料来源：IEA，2022)

从图 1-5 中可以看出，我国目前的能源消费结构仍以化石能源为主，且有可能在未来很长一段时间内不会改变。进一步从我国各行业因煤炭消费产生的碳排放占比（图 1-6）来看，2020 年我国碳排放主要来源于火力发电，占比达 54%；其次为工业（钢铁、水泥、化工行业）排放，占比达 29%。中国作为一个负责任的大国，高度重视气候变暖和温室气体的减排。在"双碳"的时代背景下，研发和推广低碳、零碳甚至是负碳技术被视为降低 CO_2 排放量的重要手段。

碳捕集、利用与封存（CCUS）技术作为一种新兴技术，将与可再生能源、氢能、核能等新能源技术一起应对气候变化问题。CCUS 技术与化石能源系统的耦合度较高，能有效配合新能源与可再生能源体系发展，一经提出就受到全球范围内的广泛关注。全球领先的能源机构和提倡 CO_2 减排的主要经济体（包括美国、欧盟、加拿大、中国等）都将 CCUS 等低碳、零碳、负碳技术作为未来 CO_2 减排的主要技术手段。

1.1.2　CCUS 概念的发展与演变

20 世纪 20 年代，化学溶剂被用来分离天然气气流中的 CO_2，以提

图 1-5　2021 年我国能源消费结构

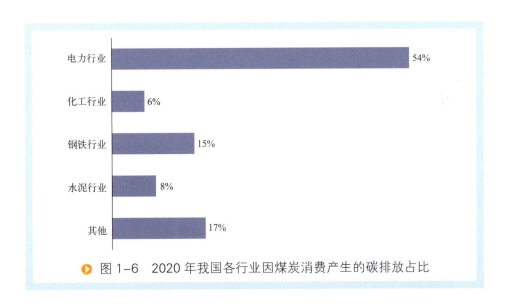

图 1-6　2020 年我国各行业因煤炭消费产生的碳排放占比

高天然气中甲烷的纯度。1951年，Martin等发现在石油开采过程中注入含CO_2的水可以提高开采量。这一发现为碳捕集后的下一步应用指明了方向。1958年，Caudle和Dyes通过水气交替注入的方法进一步提高驱油率至90%。此后，越来越多的小规模驱油项目在世界各地的实验室和石油企业开展实施，与将CO_2作为油气开采的驱动介质相关的地质利用理论与实验研究也随之兴起。1972年，世界上首个CO_2驱油利用的商业项目在美国建成投产，随后各种CO_2地质驱替油气资源的研究受到广泛重视并被推广应用，将捕集后的CO_2用于地质利用的概念逐渐发展成型。

1992年，IPCC发布的第一次评估报告的补充报告中指出将CO_2的分离和地质或海洋处置作为中长期的温室气体减排方案之一。1995年，IPCC第二工作组发布的《气候变化1995：气候变化影响、适应和减缓：科学技术分析》报告中提出烟道气体和燃料的脱碳及CO_2储存是可行的温室气体减排措施。1997年缔结的《京都议定书》协定缔约方应研究、促进、开发和增加使用新能源和可再生能源、CO_2固定技术和有益于环境的先进的创新技术。2001年，在IPCC第三次气候变化评估报告中，CO_2捕集与封存技术在多个减排情景中已被认为是一种切实可行的温室气体减排方案。2003年，中国与美国、加拿大、英国等国家一起，成立了部长级多边机制论坛——全球碳收集领导人论坛（CSLF），旨在促进CCUS领域的国际交流与合作。2005年，IPCC发布的《CO_2捕集与封存》特别报告中正式提出CO_2捕集与封存（CCS）的定义，即CCS是一个将CO_2从工业或相关能源产业的排放源中分离出来，运输并封存于地质构造中，实现CO_2与大气长期隔绝的过程。2007年，CCS技术正式作为一种控制温室气体排放和减缓气候变化的重要手段被纳入《京都议定书》。同年IPCC发布的第四次气候变化评估报告中将天然气中CO_2捕集和封存技术列入已实现商业化应用的减排技术。

2006年，在中国北京香山会议的学术讨论会中专家们首次提出了包含碳利用技术在内的CCUS技术。国务院2007年发布的《中国应对气候变化国家方案》和 2008 年发布的《中国应对气候变化的政策与行动》中均强调要推动 CCUS 技术的发展。2009 年 10 月，时任科技部部长的万钢在第三届 CSLF 部长级会议中重点提出要重视 CO_2 资源化利用技术，建议用全面的 CCUS 替代 CCS，该倡议得到了国际社会的积极响应。此后，CCS 逐渐演变成包含 CO_2 利用概念在内的 CCUS，进一步延伸了碳产业链条。2010 年 7 月，首届清洁能源部长级会议成立了 CCUS 工作组。2011 年，由科技部社会发展科技司和中国 21 世纪议程管理中心共同发布的《中国碳捕集、利用与封存（CCUS）技术发展路线图研究》规范定义了 CCUS 的概念，自此 CCUS 开始被我国正式发布的文件所采用。《中国碳捕集利用与封存技术发展路线图（2019 版）》对 CCUS 的概念进行了重新定义和分类，并明确了新形势下 CCUS 的总体定位和发展目标。

1.1.3　CCUS 技术的环节与内涵

CCUS 技术是指将 CO_2 从工业过程、能源利用或大气中分离出来，输送至一定场地后直接加以利用或注入地层，从而实现 CO_2 永久减排的一系列技术的总和。CCUS 的过程可分为四个技术环节：CO_2 捕集、CO_2 运输、CO_2 利用和 CO_2 封存。其中，CO_2 捕集是指从工业生产、能源利用或大气中分离 CO_2 的过程；CO_2 运输则涉及将捕集的 CO_2 输送到可利用或封存场地的过程，按照运输方式的不同可分为罐车运输、管道运输和船舶运输等；CO_2 利用是通过工程技术手段将捕集的 CO_2 实现资源化利用的过程，具体分为生物利用、化工利用和地质利用等不同方式；CO_2 封存则是借助工程技术手段将捕集纯化后的 CO_2 注入地质构造，实现 CO_2 的长期封存。关于 CCUS 各技术环节的示意图见图 1-7。随着各种新兴技术的快速发展和碳减排工作的持续推进，生物质能碳捕集与封存（Bioenergy with Carbon Capture and Storage，以下简称 BECCS）、直接空气碳捕集与封存（Direct Air Carbon Capture and Storage，以下简称 DACCS）等新型负碳排放技术开始兴起。按不同环节的组合关系，CCUS 产业模式包括 CCS、CCU、CCUS。根据碳减排效应的不同，可进一步分为减碳技术、低碳技术以及负碳技术。

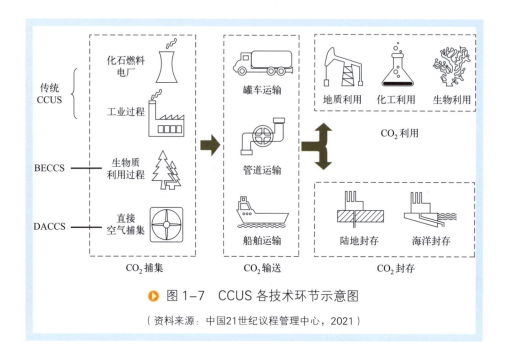

图 1-7　CCUS 各技术环节示意图

（资料来源：中国21世纪议程管理中心，2021）

1.2　碳中和愿景下CCUS的作用

　　CCUS 技术是实现碳中和目标不可或缺的技术保障，具体如下：

　　CCUS 技术被视为实现大规模化石能源低碳利用的重要技术选择。考虑我国能源系统规模庞大、需求多样的特点，我国未来将构建以高比例可再生能源为主导，核能、化石能源等多能融合的新型能源体系。根据相关研究的预测，到 2050 年，我国化石能源可能仍将占能源消费的 10%～15%，因此 CCUS 技术将成为实现该部分化石能源净零排放的必然选择。

CCUS 技术是保持电力系统安全性和灵活性的主要技术手段。实现碳中和目标将要求电力系统大幅提高可再生能源电力比例，但短期内迅速提高可再生能源电力占比，必将导致电力系统在供给端和消费端不确定性的显著增大，进一步影响电力系统的安全稳定。燃煤电厂加装 CCUS 技术相关设备一方面可以减少大量现有化石燃料发电厂的碳排放，推动电力系统近零排放，提供稳定清洁电力；另一方面可以平抑可再生能源发电的波动，满足对电力系统灵活性和可靠性日益增长的需求。

CCUS 是钢铁、水泥等难减排行业深度脱碳的可行技术方案。工业是碳排放的主要领域之一，其中钢铁、水泥等行业在经过改进工艺、提升效率等常规碳减排方案后，仍然会剩余一定比例的碳排放量，需要耦合 CCUS 技术进行深度减排。

CCUS 与新能源耦合的负碳排放技术是实现碳中和目标的重要技术保障。预计到 2060 年我国可能仍将有部分无法减排的温室气体，需要提前准备和部署 BECCS 和 DACCS 等负碳排放技术，开展这些技术的研发并积极部署对于实现碳中和目标具有重要意义。

CCUS 是实现低碳氢气大规模制备的有效途径。目前氢气主要以煤炭或天然气等化石燃料为原料进行制备，制备过程中碳排放量较高。通过耦合 CCUS 技术的方式可实现低碳制氢的大规模生产，且碳排放量显著降低。同时与电解水制氢技术相比，耦合 CCUS 技术的化石能源制氢方式成本更低。

CCUS 是化工生产中的主要工业绿碳来源。为了减少碳基化学品全生命周期的碳足迹，采用从工业排放或大气中捕集的 CO_2 作为碳源将大大降低产品生产过程中的碳排放量，有助于产品符合出口标准，尤其是一些高耗能、高含碳、低附加值的化学产品。

CCUS 不仅可实现上述碳减排，还具备多重协同效益。一方面，CCUS 技术与其他低碳技术耦合的大规模应用可实现碳中和目标的经济性；另一方面，CCUS 技术在保障能源安全、促进绿色发展和提高生态环境效益等方面均有一定的协同作用。CCUS 产业链见图 1-8。

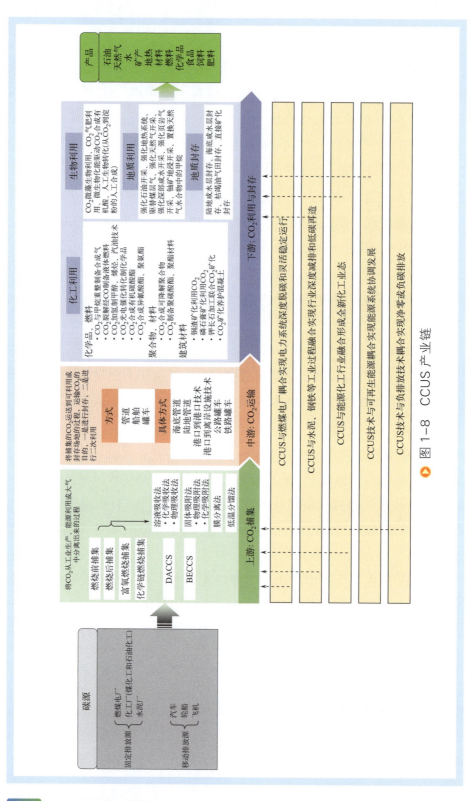

图 1-8 CCUS 产业链

2 国内外发展现状

2.1 全球CCUS发展现状

2.1.1 政策现状

CCUS 政策是指为了实现"双碳"目标或发展战略，国家或相关的政府机构以权威形式对一定时期内 CCUS 相关技术及发展所提出的规划、定位、指导思想、行动准则、重点发展领域等。CSLF 规定 CCUS 政策和法规包括以下几方面：①激励 CCUS 技术发展的措施（如电价补贴、特别基金、限制性排放额等）；②封存后对封存区域持续监测的义务；③封存后长期责任的承担计划；④ CCUS 项目运行的环保标准；⑤捕集预留的政策；⑥选址要求；⑦审批要求；⑧知识产权以及技术转让的政策。

在全球范围内，涉及 CCUS 的国际政策和法规包括但不限于伦敦公约、伦敦议定书、奥斯巴公约等，此外还有一些温室气体控制和气候变化方面的国际协议和报告，包括《京都议定书》《联合国气候变化框架公约》、IPCC 评估报告及《2006 年 IPCC 国家温室气体清单指南》等。从主要的国家来看，美国在早期主要侧重于 CCUS 研发与示范，逐渐过渡到与市场开发、基础设施建设协同促进 CCUS 的发展；欧盟在 CCS 制度化和规范化方面走在全球前列，其制定的代表性法规 CCS 指令是世界上第一部关于 CCS 的详细立法；英国具有领先的 CCUS 技术，在发展 CCUS 产业上具备优越的基础条件，包括地质、市场空间、应用场景等方面，英国政府目前正在制订 CCUS 的商业模式及资助框架；日本长期致力于低排放发展战略，将 CCUS 技术与氢能、可再生能源、储能、核能等新能源技术并列为日本实现碳中和目标的关键技术，并且在 CCUS 技术研发方面更关注 CO_2 循环利用技术；韩国将 CCUS 技术作为低碳绿色发展和实现国家碳减排目标的关键技术，并通过高效的 CCS 技术发展创造了新的增长引擎。主要发达国家或地区的 CCUS 战略部署见图 2-1。总体而言，各国由于在技术条件、经济发展水平、资源禀赋、能源系统的碳强度等方面存在较大差异，碳减排的总量和紧迫程度也各不相同，因此选择的减排路径会各有侧重。全球主要发达国家或地区的 CCUS 激励政策的积极作用逐渐在多个方面产生积极影响，初步形成了多层次的政策体系。同时 CCUS 特定的法律和监管制度为技术研发提供了有力的支持。随着技术示范逐步深入，CCUS 相关激励政策也得到了更多国家的重点关注，例如碳定价、补贴电价税收减免、电厂排放标准等，激励政策的指向性和精准度不断提高，有效推动了早期 CCUS 技术研发和应用示范的规模化发展。

2.1.2　项目现状

从全球视角来看，CCUS 技术的发展历程大致可以划分为四个阶段：技术孕育阶段、诞生与发展阶段、研发与示范阶段、商业化初期快速增长阶段，目前已进入最后一个发展阶段，全球 CCUS 发展历程如图 2-2 所示。随着 CCUS 技术研发和应用示范的不断推进，近年来全球主

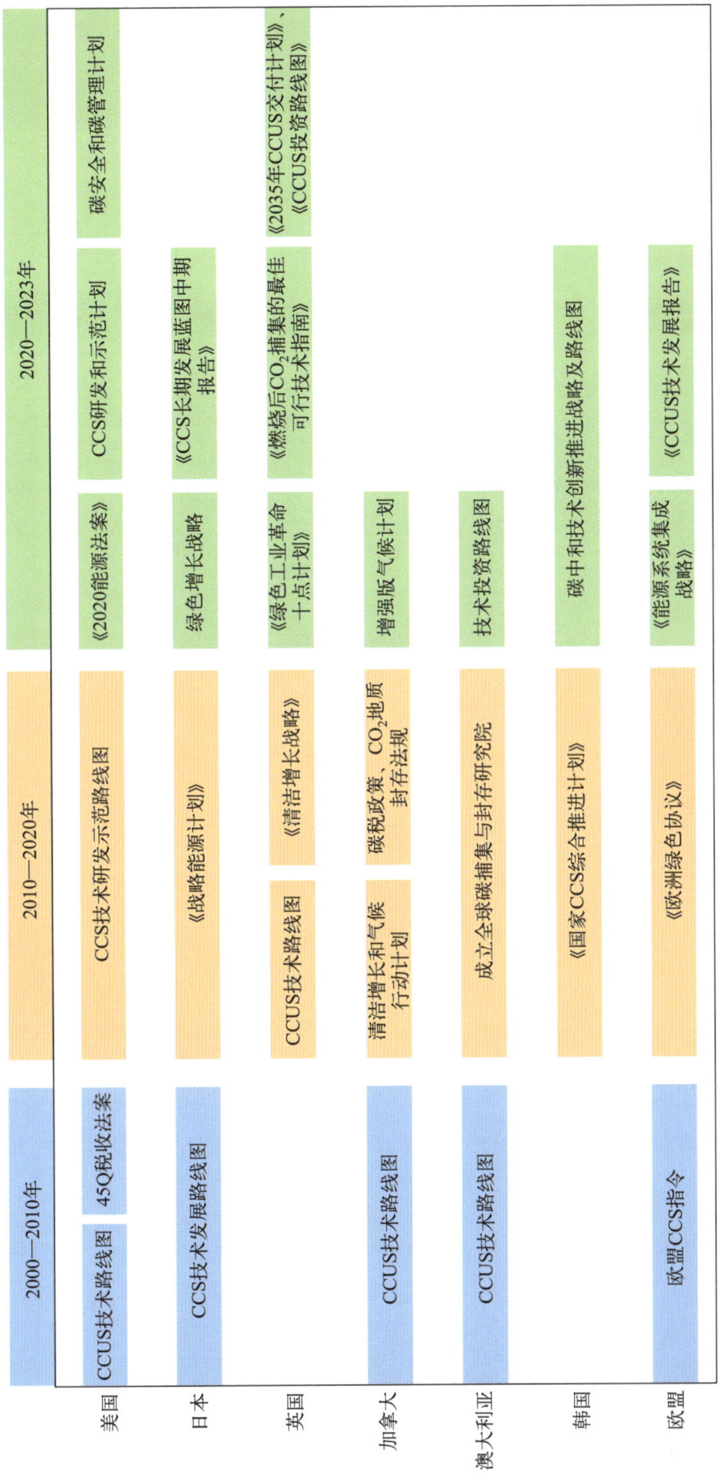

国家/地区	2000—2010年	2010—2020年	2020—2023年
美国	CCUS技术路线图；45Q税收法案	CCS技术研发示范路线图	CCS研发和示范计划；《2020能源法案》；碳安全和碳管理计划
日本	CCS技术发展路线图	《战略能源计划》	《CCS长期发展蓝图中期报告》；绿色增长战略
英国	CCUS技术路线图	《清洁增长战略》	《燃煤后CO_2捕集的最佳可行技术指南》；《绿色工业革命十点计划》；《2035年CCUS交付计划》、《CCUS投资路线图》
加拿大		清洁增长和气候行动计划；碳税政策、CO_2地质封存法规	增强版气候计划
澳大利亚		成立全球碳捕集与封存研究院	技术投资路线图
韩国		《国家CCS综合推进计划》	碳中和技术创新推进战略及路线图
欧盟	欧盟CCS指令	《欧洲绿色协议》	《能源系统集成战略》；《CCUS技术发展报告》

图 2-1 主要发达国家或地区的 CCUS 战略部署

2 国内外发展现状

要国家和地区在CCUS项目数量、激励政策、法律法规、监管机制等方面有了长足的进展，部分发达国家在十几年前就开始了CCUS技术的研发示范，并投入了大量的人力、物力、财力和政策等全方位的支持。

图 2-2　全球 CCUS 发展历程

据 IEA 统计，从 2010 年开始 CCUS 项目逐渐发展壮大，其间经历了一段短暂的低潮期，自 2018 年初开始不断增长，2021 年后全球 CCUS 项目激增，发展迅速，大规模项目数量比 2020 年增加了一倍以上（图 2-3）。截至 2022 年底，规划、在建和运行中的商业化 CCUS 设施数量达到 294 个，其中大多数规划项目尚处于早期开发阶段。同时，相关设施的 CO_2 单体捕集量也呈现增长趋势，数个项目超过百万吨级；另外，CCUS 的产业集群化发展趋势明显，这将进一步促进项目成本的降低（图 2-4）。

据 GCCSI 的相关数据，整理得到如图 2-5 所示的全球 CCUS 项目数量分地区占比统计图。目前在全球 25 个国家均有部署 CCUS 项目，涉及的行业领域十分广泛，其中美国和欧盟处于领先地位，主要原因在于美国、欧盟对于 CCUS 技术的政策支持力度较强，能有效降低 CCUS 项目成本，从而刺激了 CCUS 项目规模化部署和快速发展。

图 2-3 2010—2022 年全球大规模 CCUS 项目数量

（资料来源：IEA，2022）

图 2-4 2020—2030 年大规模 CCUS 项目 CO_2 捕集量

（资料来源：IEA，2022）

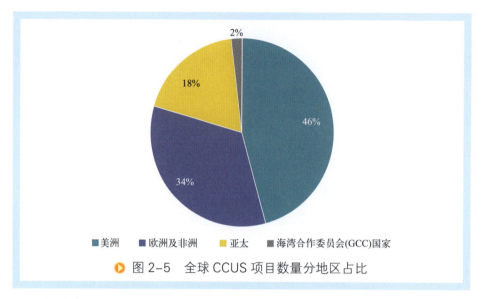

图 2-5 全球 CCUS 项目数量分地区占比

当前大多数 CCUS 项目都是全链条项目,即将 CO_2 从一个排放源输送到一个注入场地,但全链条项目面临着高投资和跨链风险。随着 CCUS 规模的扩大,建立 CCUS 集输中心(hubs)甚至 CCUS 产业集群(clusters)从几个不同的排放源获取 CO_2,并使用公共基础设施进行运输和储存的方式打破了一体化的 CCUS 价值链,降低了公司和政府的成本和风险。图 2-6 为 CCUS 项目数量前 10 的国家及相应的 CCUS hubs 数量,迄今已有 140 多个 CCUS hubs 正在开发中,这种集群化枢纽模式可在排放者之间分摊基础设施成本,并产生规模经济,以惠及规模较小或距离已确定的 CO_2 储存点更远的排放者。

图 2-7 按照 CCUS 技术应用的不同行业(电力、化工、钢铁、水泥和全产业链)梳理了全球 CCUS 典型项目发展历程,其中最早报道的大规模 CCUS 项目是 1972 年美国得克萨斯州投产的 Terrell 天然气处理厂项目,该项目规模为 40 万～50 万吨每年;随后,1982 年美国俄克拉何马州 Enid 项目建成,此项目通过捕集化肥厂产生的 CO_2 用于油田驱油,项目规模达 70 万吨每年。1996 年,挪威作为较先开展 CCUS 项目研究的国家之一,建成了全球首个将海上天然气处理过程中的 CO_2 无须运输直接注入地下盐水层进行封存的 Sleipner 项目,这是全球首个深部咸水层百万吨级 CCUS 地质封存商业化项目,此后陆上天然气处理 Snohvit 项目投产运行,并且正在与多

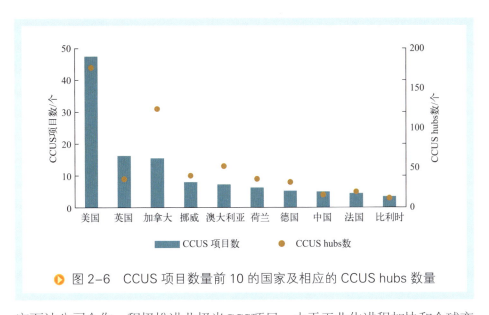

图 2-6　CCUS 项目数量前 10 的国家及相应的 CCUS hubs 数量

家石油公司合作，积极推进北极光CCS项目。由于工业化进程加快和全球变暖的趋势，CCUS技术受到越来越多国家的关注和重视。此后，美国、加拿大、澳大利亚及日本等国家加速推进CCUS项目的工业化。除天然气处理行业以外，很多国家开始在电力、石化化工、钢铁、水泥等行业布局CCUS项目。2000年，加拿大与美国合作在Weyburn油田注入来自电厂捕集的CO_2，一是提高采油率，二是将CO_2封存在地下。2014年，加拿大萨省电力公司的Boundary Dam项目建成，这是世界上第一个成功应用于燃煤电厂的CCUS商业化项目，年捕集量为100万吨。加拿大壳牌2015年的Quest项目是截至目前全球最大的CCS项目之一，也是油砂行业第一个CCS项目，该项目将合成原油制氢过程中的CO_2注入咸水层封存，年封存量为100万吨。2017年，阿拉伯联合酋长国（以下简称阿联酋）钢铁公司与阿布扎比国家石油公司合作进行CCUS项目的开发，CO_2捕集能力为80万吨每年，将直接还原铁过程产生的CO_2捕集后运输至穆斯法赫的存储点以便后续的驱油与封存。2020年，挪威海德堡水泥集团计划在Norcem Brevik水泥厂进行CO_2捕集、液化和中间储存设施的项目开发，这是世界上第一个位于水泥厂的CO_2捕集设施，也是全球水泥行业第一个全流程CCS项目，其中胺吸收技术采用Aker Carbon Capture公司的先进碳捕集技术。

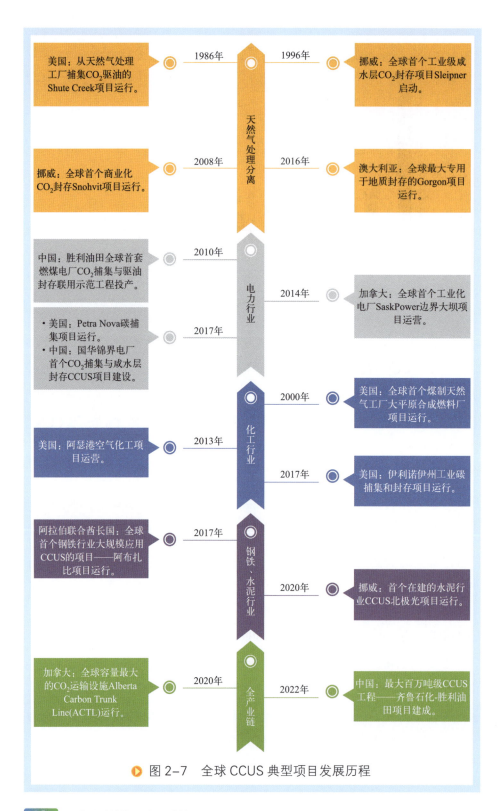

图2-7 全球CCUS典型项目发展历程

2.1.3 技术现状

技术发展是 CCUS 产业降低成本和提升效率的一个重要因素，因此在 CCUS 技术供应方面，国际已有多家著名的头部企业和初创公司可提供 CCUS 技术和关键设备，在产业链的上中下游均有分布。碳捕集和利用相关技术和设备是当前 CCUS 技术的关注重点，尤其是碳捕集技术成本占整个 CCUS 项目成本的一半以上，目前 CCUS 产业链上布局技术最多的也是在上游碳捕集过程，如法国液化空气集团开发胺基化学吸收法和低温甲醇洗工艺等，用于低碳氢气的制备；霍尼韦尔提供成熟的溶剂、膜、吸附剂和低温技术；荷兰壳牌集团和加拿大 Svante 公司则主要提供基于固体吸附剂的变温吸附法；加拿大 CarbonCure 公司作为固碳混凝土行业的引领者之一，主要通过储存 CO_2 和回收混凝土产品中的废物来实现碳捕集。在中游和下游环节所需的运输设备和监测设备以及全产业链所需的管道系统、脱水调节系统、节能泵送系统等方面均有相关企业布局，如捕获过程后 CO_2 含量和剩余组分的测量对于控制和优化目的至关重要，德国西克集团的连续气体分析仪能够准确测量气体混合物中 CO_2 和其他成分的质量浓度；斯伦贝谢公司则使用自动化、人工智能和全面数据管理为 CO_2 排放企业提供捕集及封存解决方案，技术服务覆盖 CCUS 项目的整个生命周期。

2.2 中国CCUS发展现状

2.2.1 政策现状

中国政府高度重视和鼓励支持 CCUS 技术的发展，在 CCUS 领域的发展历程如图 2-8 所示。早在 2003 年，我国就通过国家自然科学基金资

助了 CO_2 驱替煤层气的相关基础研究，并且持续资助 CCUS 相关研究，促进技术发展。2006 年以来，我国制定并发布了多项国家政策及发展规划，致力于推动 CCUS 技术研发和推广应用，如《国家中长期科学和技术发展规划纲要（2006—2020 年）》《中国应对气候变化的政策与行动》《能源技术革命创新行动计划（2016—2030 年）》《能源生产和消费革命战略（2016—2030）》《关于加快建立健全绿色低碳循环发展经济体系的指导意见》等。我国积极研究并制定了 CCUS 发展路径，2011 年，科技部发布了《中国碳捕集、利用与封存（CCUS）技术发展路线图研究》，并在 2019 年进行了更新，提出了构建低成本低能耗且安全可靠的 CCUS 技术体系和产业集群的总体目标和发展规划。2013 年，科技部发布了《"十二五"国家碳捕集利用与封存科技发展专项规划》，进一步部署了 CCUS 技术的研发战略与示范应用；国家发改委发布了关于推动碳捕集、利用和封存试验示范的通知，进一步推广部署了 CCUS 全链条试验示范和技术突破，探索激励机制，加强战略规划和标准规范制定；环境保护部（现生态环境部）发布了关于加强碳捕集、利用和封存试验示范项目环境保护工作的通知，旨在加强 CCUS 环境影响评价、监测，建立环境风险防控体系，推动环境标准规范制定，加强基础研究和技术示范。2016 年，环境保护部（现生态环境部）发布了国内 CCUS 领域首个标准指南——《二氧化碳捕集、利用与封存环境风险评估技术指南（试行）》，以规范和指导 CCUS 项目的环境风险评估工作的有效开展，随后各个行业开始重视并开展了 CCUS 相关示范项目。2021 年 CCUS 技术首次被写入《中华人民共和国国民经济和社会发展第十四个五年规划和 2035 年远景目标纲要》，同年国家能源集团国华锦界电厂 15 万吨每年的 CCUS 示范项目通过试运行。2022 年，我国首个百万吨级 CCUS 示范项目建成投产，首个千万吨级开放式 CCUS 项目开始启动建设。此后各类新技术逐步开始实现示范应用，此外我国也开展了对海域 CO_2 地质封存潜力的评估工作。

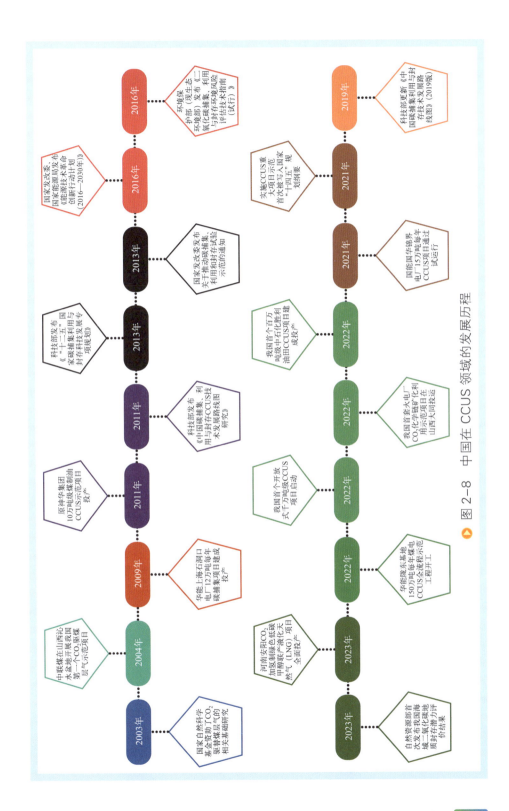

▲ 图 2-8 中国在 CCUS 领域的发展历程

总而言之，中国正在有序推进CCUS的技术研发和推广应用，具体表现在以下三个方面：一是明确了CCUS技术的总体定位、发展目标和研发策略；二是加大了CCUS技术研发与示范项目的政策支持力度；三是增强了与CCUS相关的基础设施建设能力并开展了多层次、多形式和多渠道的国际交流合作。

如图2-9将CCUS相关政策规划进行分类整理，据不完全统计，我国已发布70余项CCUS相关的政策文件，涉及规划、标准、路径图等。随着碳达峰碳中和"1+N"政策体系的建立，我国CCUS政策体系也初具雏形。具体表现在以下三个方面：一是政策工具类型愈加丰富，多数政策重点支持CCUS的技术研发和项目示范，同时也有涉及标准体系、投融资方面的政策；二是CCUS技术在各个行业的应用被愈加重视，已逐步从电力、油气等行业拓展到难减排的水泥、钢铁等工业行业；三是各省市级地方政府的政策文件中对CCUS技术的支持和重视程度愈加强化，各省市均已发布了相关规划和工作方案，结合区域实际情况对CCUS技术研发和推广进行了部署。

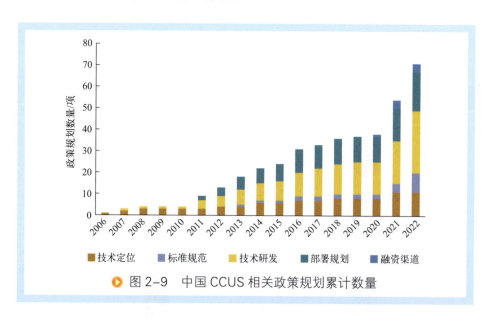

图2-9 中国CCUS相关政策规划累计数量

2.2.2 项目现状

我国 CCUS 示范项目发展迅速，从 2004 年我国第一个 CCUS 示范项目在山西建成投运以来，截至 2022 年底，中国约有 100 个不同规模的 CCUS 示范项目正在运行或规划建设中。其中，近一半的项目已投入运营，CO_2 捕获能力每年超过 400 万吨，CO_2 注入能力每年超过 200 万吨。与 2021 年相比，数量和规模都显著增加。更多的行业已经开始部署 CCUS 技术，目前中国示范项目主要集中在电力、油气、化工、水泥、钢铁等领域，如图 2-10。从 CO_2 利用与封存方向分布来看，地质利用仍然是主导者，但化工和生物利用项目逐年增加，如图 2-11。目前中国有 30 余个 CO_2 驱油项目，少量驱替煤层气和咸水层封存项目。目前，中国 CCUS 项目捕集类型较为单一，在运输方式上多为罐车运输，管道及船舶等大型长距离运输相对较少，相应的基础设施建设有待进一步完善，全流程大规模的项目有待增加。

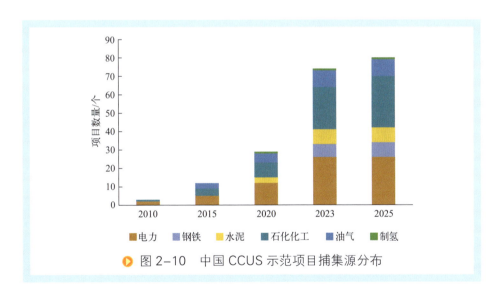

▶ 图 2-10 中国 CCUS 示范项目捕集源分布

2.2.3 技术现状

我国 CCUS 技术发展在近些年来取得了显著成效。与国外相比，技

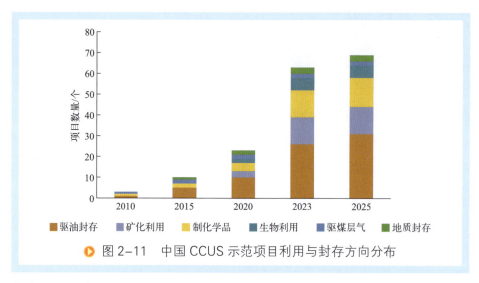

图 2-11 中国 CCUS 示范项目利用与封存方向分布

术发展水平相当且部分技术具备领先优势，但是关键技术仍有较大进步空间。其中中国石油大学、四川大学和浙江大学等高校在CCUS技术研发方面走在前列。从碳捕集或利用的技术提供者或设备供应商来看，我国具备CCUS全流程项目的技术与经验的企业主要以中石化、中石油、中海油、华能、国家能源集团等国有企业为主，但是目前CCUS技术成本和能耗较高，技术成熟度偏低，商业模式尚不完善，因此CCUS技术的减排潜力在短时间内难以释放。

总之，我国在 CCUS 技术发展方面，总体上已处于研发与示范阶段。得益于相关技术政策支持和产学研高度融合，CCUS 理论、技术和应用等合作研究已相继开展。

在捕集环节，我国在低能耗高效吸收剂和不同捕集工艺等方面进行了系列研究工作，目前已成功开发出商业化的胺吸收剂。在运输环节，我国在管道运输方面开展了低压 CO_2 运输工程应用研究，正在致力于长距离、高压和超临界 CO_2 管道运输研究。在利用环节，我国在 CO_2 化工利用、地质利用、生物利用等方面均开展了理论和试验研究，已成功积累了大规模 CO_2 驱油工业示范经验，已建成多个 CO_2 制化学品、燃料和可降解材料的中试及生产线。在封存环节，我国在 CO_2 地质封存潜力评价方面已开展了相关研究工作，已启动工业规模咸水层封存示范。

3 技术清单

由于碳利用途径复杂多样,图 3-1 为包含碳捕集、运输与封存的典型 CCS 过程的全流程示意图。从电厂或工业过程等碳源处捕集 CO_2,压缩运输至封存场地,目前国外大型 CCS 项目主要采用的是管道运输,在运输过程中保持高压状态,随后注入井中实现油气资源等增产并封存于地下。

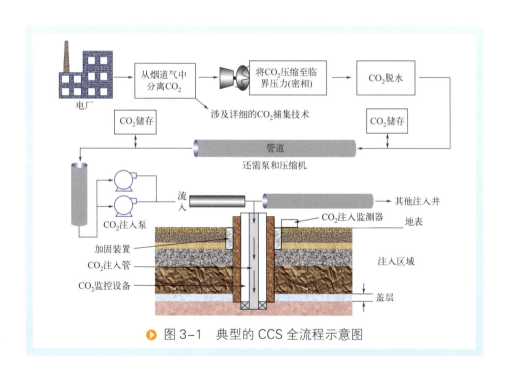

图 3-1 典型的 CCS 全流程示意图

3.1 典型技术清单

3.1.1 捕集技术

CO_2 捕集技术是指将工业过程中产生的 CO_2 进行分离和捕集，或者将氧气从空气中分离后用于富氧燃烧，提高烟气中 CO_2 浓度继而降低其捕集难度及能耗的技术。按照碳捕集与燃烧过程的先后顺序可分为燃烧前捕集、富氧燃烧、燃烧后捕集；按照具体的分离过程可划分为溶液吸收法（包括物理吸收法和化学吸收法）、固体吸附法（包括物理吸附法和化学吸附法）、膜分离法、低温分馏法和化学链燃烧法等；按照捕集技术的先进程度可将其划分为第一代、第二代、第三代捕集技术，如图3-2。我国 CO_2 捕集技术发展潜力巨大，预计到 2030 年 CO_2 捕集技术的应用潜力为 6.0 亿吨每年，2035 年 CO_2 捕集技术的应用潜力为 10.9 亿吨每年，2050 年 CO_2 捕集技术的应用潜力为 23.1 亿吨每年。

按照碳捕集与燃烧过程的先后顺序分类

01 燃烧前捕集
利用煤气化和重整反应，在燃烧前将燃料中的含碳组分分离出来，转化为以 H_2、CO 和 CO_2 为主的水煤气，然后利用相应的分离技术将 CO_2 从中分离，剩余 H_2 作为清洁燃料使用。燃烧前捕集系统相对复杂，整体煤气化联合循环(IGCC)技术是典型的可进行燃烧前碳捕集的系统。

02 富氧燃烧
通过分离空气制取氧气，以纯氧（而非空气）作为氧化剂进入燃烧系统，同时辅以烟气循环的燃烧技术，使得烟气中 CO_2 浓度增加，可直接获得富含高浓度(高达80%)CO_2 的烟气，可视为燃烧中捕集技术。

03 燃烧后捕集
直接从燃烧后烟气中分离 CO_2，主要从火力发电、钢铁、水泥等行业的烟道气中捕集 CO_2。虽然投资较少，但烟气中 CO_2 分压较低，使得捕集能耗和成本较高。

按照分离过程进行分类

01 溶液吸收法

化学吸收法主要指利用MDEA(甲基二乙醇胺)、MEA(一乙醇胺)等弱碱性有机胺溶液与CO_2发生化学反应进行吸收,并在较高温度下进行解吸再生,捕集容量大、选择性高、工艺简单。物理吸收法是指采用水、甲醇等作为吸收剂,利用CO_2在溶液中的溶解度随压力而改变的原理来吸收分离CO_2,捕集能耗低,适于中高压(2~8MPa)CO_2气体捕集。

02 固体吸附法

物理吸附法指在较高压力下吸附,再经降压加冲洗或降压加抽空的再生循环工艺,能耗低、稳定性好、流程简单、腐蚀性小、污染少。变压吸附(PSA)是最为典型的物理吸附方法,常用的吸附剂为天然沸石、分子筛、活性炭、硅胶和活性氧化铝等。化学吸附过程中,吸附剂通过共价键作用将CO_2吸附在吸附表面的结合位点,具有吸附容量和选择性高等特点,常用的化学吸附剂包括碱金属碳酸盐基吸附剂、氧化物吸附剂、锂基吸附剂以及胺基功能化固体吸附剂等。

03 膜分离法

不同气体组分在膜中的溶解、扩散速率不同,在膜两侧分压差的作用下,由于分离膜对各气体相对渗透率不同而实现分离,主要应用于合成气CO_2和H_2分离,具有节能、高效、环保等优点。

按照技术先进程度进行分类

01 第一代捕集技术

现阶段已完成工程示范并投入商业使用的技术,如基于胺溶液的燃烧后化学吸收技术、燃烧前物理吸收技术和常压富氧燃烧技术。

02 第二代捕集技术

在2020—2025年开展CO_2捕集工程示范,并能够在2025年进行商业部署的CO_2捕集技术,如基于离子液体、胺基两相吸收剂等的化学吸收法,基于金属有机骨架(MOFs)材料的化学吸附法以及增压富氧燃烧等。

03 第三代捕集技术

在2030—2035年开展工程示范,并能够在2035年后开始投入商业部署的CO_2捕集技术,如新型酶催化CO_2吸收法捕集技术和化学链燃烧技术等。

图 3-2 捕集技术的三种分类方式

燃烧前捕集:在燃烧前将CO_2从燃料或者燃料变换气中进行分离,如天然气、煤气、合成气中的CO_2捕集。具体方法包括溶液吸收法、固体吸附法、膜分离法、低温分离法以及这些方法的组合应用。燃烧前捕集系统相对复杂，主要应用于 IGCC 发电系统和部分化工过程。具体流程为：在 IGCC 电站中加入水煤气变换单元，使煤气中的 CO 与水蒸气反应生成 CO_2 和 H_2，而后对其中的 CO_2 进行分离。

燃烧后捕集：将燃烧后烟气中的 CO_2 和其他气体进行分离，主要指火力发电、钢铁、水泥等行业的烟道气中的 CO_2 捕集。分离工艺包括化学吸收、化学吸附、膜分离等方法。燃烧后捕集技术发展相对成熟，这得益于能源系统与 CO_2 分离单元的集成方式较为简单。具体过程是在烟气释放到大气之前，从富含 N_2 的气体中分离并捕获 CO_2。

富氧燃烧：在现有电站锅炉系统基础上，用氧气代替助燃空气。富氧燃烧技术发展迅速，通过加装空气分离装置提纯高浓度氧气，煤粉在高纯氧中燃烧实现 CO_2 富集，该技术可广泛用于新建燃煤电厂以及部分改造后的火电厂。富氧燃烧与前两种方式的不同点在于不需要单独的 CO_2 分离装置。

捕集技术一般分类的工艺流程如图 3-3 所示，不同捕集方式的对比见表 3-1。

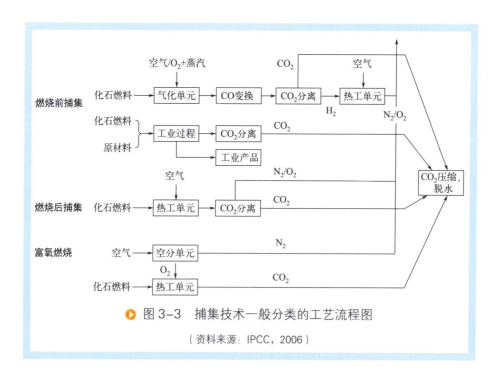

▶ 图 3-3 捕集技术一般分类的工艺流程图

（资料来源：IPCC，2006）

表3-1 不同捕集方式对比

项目	燃烧前捕集	富氧燃烧	燃烧后捕集
工艺流程	将化石燃料气化后，在燃烧前将燃料中的含碳组分分离并转化为以H_2、CO和CO_2为主的合成气，后将CO_2从中分离，实现前端脱碳	以纯氧（而非空气）作为氧化剂进入燃烧系统，化石燃料在纯氧中燃烧得到浓度较高的CO_2，进而实现碳捕集	烟气通道安装CO_2分离单元，直接捕集燃烧后烟气中的CO_2组分
优势	成本相对较低，效率高	碳捕获能耗和成本相对较低	仅需在现有燃烧系统后增设CO_2捕集装置，对原有系统变动较小
局限	局限于IGCC发电装置，适用性较差	对操作环境有要求，额外增加制氧系统，会提高总投资和能耗	能耗相对较高，设备尺寸大，投资和运营成本高
适用范围	一般用于IGCC发电装置	用于新建燃煤电厂及部分改造后的燃煤电厂	用于各种改造和新建的碳排放源，如电力、钢铁、水泥等行业

（1）化学吸收法

化学吸收法是燃烧后捕集中最常用的方法，一般以胺溶液作为吸收溶剂，经脱硝脱硫后含有CO_2的烟气先进入吸收塔底部，自下而上经胺溶液的淋洗使烟气与胺溶液吸收剂充分接触，CO_2被胺溶液吸收；脱碳后的纯化烟气从吸收塔顶部排出，富含CO_2的胺溶液自上而下进入解吸塔进行再生，胺溶液受热后CO_2脱附并从塔顶部送出。解吸再生后的胺溶液经换热器与冷流换热后，重新循环至吸收塔（图3-4）。该技术能耗较高，使得捕集技术成本增加，适用于燃煤或燃气烟气等低CO_2分压（4～20kPa）烟气分离CO_2。第二代吸收剂包括混合胺、胺基两相、少水胺以及离子液体吸收剂等。

（2）物理吸附法

物理吸附法是基于气体与吸附剂表面活性位点之间的分子引力对CO_2进行吸附，分为变压吸附法（PSA法，即加压吸附、减压解吸）、变温吸附法（TSA法，即低温吸附、高温解吸）以及变压与变温相结合的吸附方法（PTSA法）。变压吸附是最为典型的物理吸附方法，通过加压

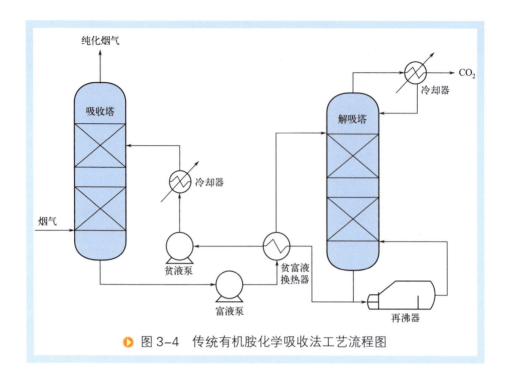

图 3-4 传统有机胺化学吸收法工艺流程图

实现混合气体的分离,通过降压完成吸附剂的再生,从而实现混合气体的分离或提纯(图3-5)。工业PSA装置通常需要多个吸附床来共同完成吸附再生循环。PSA常用的吸附剂为沸石、分子筛、活性炭、硅胶、活性氧化铝、碳分子筛、水滑石类吸附剂和金属有机骨架类(MOFs)等,或者是几种吸附剂的组合。PSA技术适用于合成氨等高压力气源(一般大于1MPa),目前已经商业应用,在煤化工、合成氨领域技术都比较成熟。

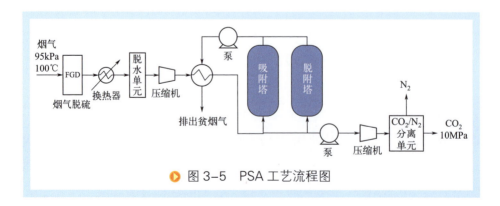

图 3-5 PSA工艺流程图

（3）膜分离法

膜分离法利用不同气体组分在膜中的溶解、扩散速率的不同，在膜两侧分压差的作用下，因分离膜对各气体相对渗透率不同而实现分离，具有能耗低、无溶剂挥发、占地面积小、放大效应不显著、适用于各种处理规模等优点。该技术主要应用在燃烧前合成气中 CO_2 和 H_2 分离和燃煤电厂的燃烧后 CO_2 捕集，所用的膜材料主要为聚合物材料。三级膜分离过程如图 3-6 所示。

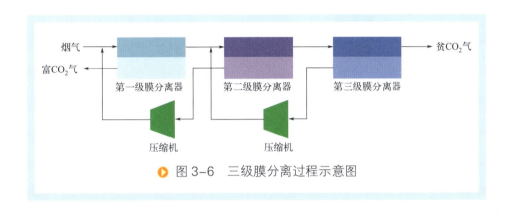

图 3-6　三级膜分离过程示意图

（4）化学吸附法

化学吸附法的原理主要是被吸附的 CO_2 分子与固体材料表面某些原子或基团形成化学键进而产生吸附作用。烟气首先进入碳酸化反应器，与吸附剂发生化学反应进而脱除烟气中的 CO_2，经过分离器将吸附 CO_2 后的吸附剂与净化烟气分离，随后吸附 CO_2 的吸附剂进入高温煅烧反应器将 CO_2 解吸，高温再生后的吸附剂重新返回循环利用（图 3-7）。该过程无溶剂参与，工艺过程简化，无设备腐蚀，节能降耗明显。吸附材料包括固体胺、碱金属碳酸盐类低温吸附材料，以及氧化钙、正硅酸锂等高温吸附材料。

（5）富氧燃烧

在现有电站锅炉系统基础上，用氧气代替助燃空气，同时结合大比例（约 70%）烟气循环调节炉膛内的燃烧和传热特性，直接获得富含高浓度（高达 80%）CO_2 的烟气，一部分烟气再循环进入炉膛，剩余部分

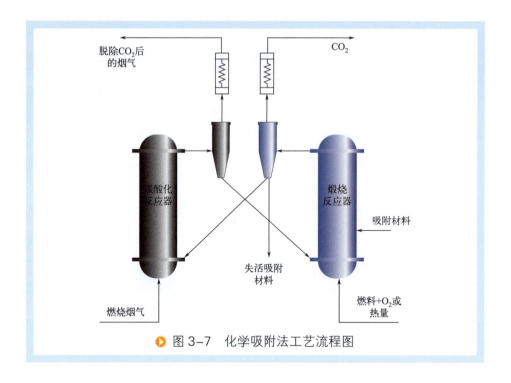

图 3-7 化学吸附法工艺流程图

则进行冷却、压缩及分离等过程。燃烧烟气中几乎不含N_2，CO_2纯度高，全生命周期CO_2减排成本低，便于大型化应用。富氧燃烧可分为常压富氧燃烧（AOC）和增压富氧燃烧（POC）两类。POC是在AOC基础上将燃烧系统的压力提升到1~1.5MPa，目前还处于实验室基础研究阶段。燃料富氧燃烧流程如图3-8所示。

（6）化学链燃烧

化学链燃烧反应器系统由空气反应器和燃料反应器组成。在空气反应器中，低价态载氧体被空气中的氧气氧化，生成高价态载氧体并伴随着大量热量释放，出口烟气主要由空气中的N_2和剩余O_2组成。在燃料反应器中，燃料被载氧体氧化成CO_2和水蒸气，同时载氧体从高价态被还原成低价态。燃料反应器出口尾气主要含有CO_2和水蒸气，通过冷凝去除H_2O后，就可以获得高纯度的CO_2（图3-9）。化学链燃烧法实现了通过固体载氧体（金属氧化物等）将空气中的氧传递给燃料进行燃烧，避免燃料与空气直接接触,在燃烧过程中内分离CO_2。该技术不需要空分制氧,直接产生不含N_2的高浓度CO_2烟气,降低了CO_2捕集能耗和成本,减小了系统净效率损失,也便于后续CO_2的资源化利用,如通过串联经济可行的加氢工艺,可以实现CO_2捕集、活化与资源化耦合。化学链燃烧可分为原位气化燃烧(iG-CLC)和氧解耦燃烧(CLOU)。原位气化采用铁矿石等廉价载氧体,技术成熟但难以实现燃料的完全转化;氧解耦采用能够释放气态O_2的载氧体(如CuO),有利于强化固体燃料和半焦的燃烧,提高碳转化率和CO_2捕集率。

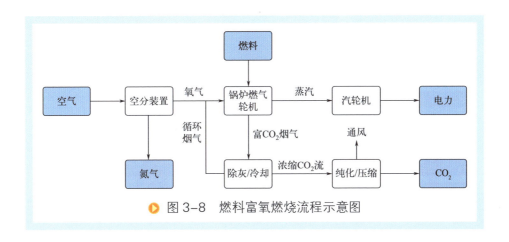

▶ 图 3-8 燃料富氧燃烧流程示意图

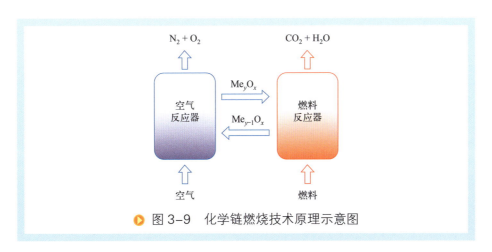

▶ 图 3-9 化学链燃烧技术原理示意图

通过对几种捕集技术的对比研究可得，目前各技术在装置规模、成本、能耗和适用碳排放源等技术参数上均有较大差异。物理吸附法和化学吸收法技术成熟度最高，已接近商业化应用阶段，同时适用排放源的浓度范围最大，在规模和成本等方面均具有一定的竞争力。膜分离、富氧燃烧和化学链燃烧等技术被广泛认为是具有发展和应用潜力的新一代捕集技术，未来在成本和能耗降低时将拥有广泛的技术应用场景。典型捕集技术参数对比见图3-10。CO_2捕集技术总结见表3-2。

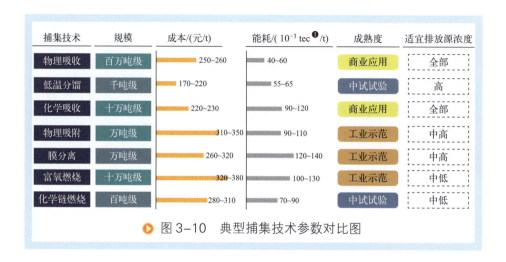

图 3-10　典型捕集技术参数对比图

表3-2　CO_2捕集技术总结

捕集技术	具体方法	优势	发展方向及趋势
溶液吸收法	化学吸收法	捕集容量大、选择性高且工艺简单，适用于发电、燃料改造和工业生产等项目	开发高效绿色吸收溶液，减少分离过程能耗，降低成本
	物理吸收法	捕集能耗低，适合于中高压及CO_2排放浓度较高的行业，如天然气处理、煤化工等	

❶ 1tec=29.3076GJ。

续表

捕集技术	具体方法	优势	发展方向及趋势
固体吸附法	物理吸附法——变压吸附	能耗低、稳定性好、流程简单、腐蚀性小、污染少	吸附材料和工艺流程的优化完善
	化学吸附法	无溶剂参与、工艺过程简化、无设备腐蚀、节能降耗明显	开发高容量、性能稳定的吸附材料,降低吸附材料的原料与制备成本,开发高效的吸附/再生反应床体
膜分离法	聚合物材料膜分离法	能耗低、无溶剂挥发、占地面积小、放大效应不显著,适用于各种处理规模,可应用于制氢、天然气处理等	耐杂质、耐高压的膜材料、装置和工艺流程设计
低温分馏法	低温甲醇洗	适合组分沸点差异较大、分离设备多、分馏工艺流程复杂的项目	开发高性能制冷剂、提纯塔结构优化及过程能量优化集成
富氧燃烧	常压富氧燃烧、增压富氧燃烧	燃烧速率高、硫氮污染物低;不需要捕集,直接获得富含高质量浓度CO_2的烟气;便于大型化,更适用于新建火电项目	低能耗和低成本制氧、稳定放大富氧燃烧器、加压富氧燃烧技术的研发
化学链燃烧	原位气化燃烧、氧解耦燃烧	不需要空分制氧,直接产生不含N_2的高浓度CO_2烟气,更适用于新建火电项目	高活性、高强度、可在复杂气体环境下长时间稳定工作的低成本载氧体

3.1.2 运输技术

根据输送方式的不同,CO_2运输技术可分为船舶运输、罐车运输和管道运输,图3-11为CO_2运输环节示意图。

(1)船舶运输

船舶运输是将捕集的CO_2通过船舶运输到封存地点。船舶运输为间歇性运输,适合海上中小规模、远距离的CO_2运输,且具有很高的灵活性,适合于近海碳封存运输。全球大规模的CO_2船舶运输仍处于开发试验阶段，船舶运输 CO_2 与船舶运输液化天然气（LPG）和液化石油气（LNG）有相似之处，因此船舶运输技术包括 CO_2 船舶输运港口到离岸设施技术和 CO_2 船舶输运港口到港口设施技术。

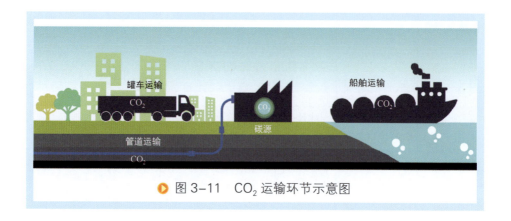

图 3-11　CO_2 运输环节示意图

（2）罐车运输

罐车运输是将 CO_2 以液态的形式储存于低温绝热的液罐中，主要通过公路或铁路进行运输。两者所用技术差别不大，只是运输距离和运输规模有所不同。公路罐车适用于小容量、短距离运输，铁路罐车适用于大容量、长距离运输。在现有 CO_2 输送技术中，罐车运输技术已十分成熟，已达到商业应用阶段，主要应用于规模 10 万吨每年以下的 CO_2 输送。中国已有的 CCUS 示范项目规模较小，大多采用罐车输送。公路或铁路罐车运输受 CO_2 品质高、运输量小、成本高等原因限制，目前仅用于少量食品级 CO_2 运输和 CCUS 示范工程，并且由于其运输连续性差，对规模大小不敏感，不适合未来大规模的 CCUS 项目的运输。

（3）管道运输

管道运输是指通过建立运输管线，将捕集的 CO_2 在管线中进行运输。在 CO_2 的运输方式中管道运输成本最低，但管道运输的初始投资较大，只适用于输量大以及距离相对短的场合。CO_2 管道输送按照输送介质的状态分为气态CO_2输送、液态CO_2输送、超临界CO_2输送和密集相CO_2输送,根据管线条件选择CO_2的运输状态。从管道的地理位置分为陆地管道输送和海底管道输送。目前陆地管道运输较为成熟,已达到工业示范阶段,而海底管道运输还处于概念研究阶段,缺乏技术经验。总体而言,海底管道运输的成本比陆地管道高,研究人员目前仍在集中致力于长距离陆地管道运输技术的研究攻关。

CO_2运输技术总结见表3-3。

表3-3　CO_2运输技术总结

运输方式	优点	局限	适用范围
管道运输	连续性强,安全性高;运输量大,运行成本低;输运CO_2密闭性好,对环境污染小	灵活性差,初始投资成本高,对CO_2浓度、温度和气压要求高	大规模、长距离、定向CO_2运输
船舶运输	灵活性高,远距离运输成本低	连续性差,适用性差,交付成本高,近距离运输成本高,对CO_2形态及专用设备要求高	大规模、长距离的海洋封存
公路罐车运输	灵活性高,适应性强,机动性好,初始投资成本低	运输量小,单位运输成本高;连续性差,远距离运输安全性差	较小量的CO_2运输
铁路罐车运输	运输距离长,通行能力强,成本相对较低	连续性差,运输装卸费用高,地域限制大,运输调度和管理复杂,受线路限制	较大规模、较长距离的运输(管道运输的替代品)

3.1.3　生物利用技术

生物利用技术是指将捕集的CO_2通过生物合成转化为产品并实现CO_2减排的过程,主要包括:微藻生物利用、气肥利用、微生物固定CO_2合成苹果酸等。目前CO_2生物利用技术主要集中在微藻固碳和CO_2气肥利用上。微藻固碳技术主要用于能源、食品和饲料添加剂、肥料等生产。我国拥有世界上最大面积的种植大棚，CO_2 作为气肥在这类大棚温室中会得到广泛应用。

（1）CO_2 微藻生物利用

微藻通过光合作用将 CO_2 转化为多碳化合物用于微藻生物质的生长，经下游利用最终实现 CO_2 资源化利用，例如转化为生物燃料和化学品、食品和饲料添加剂、生物肥料等。微藻制备生物燃料主要是利用微藻进行光合作用转化生成单糖，进而转化为甘油三酯，后续结合酯化改性形成生物柴油，原理如图 3-12 所示。整个技术链条都已经打通，但是不同应用场景的成熟度不同。

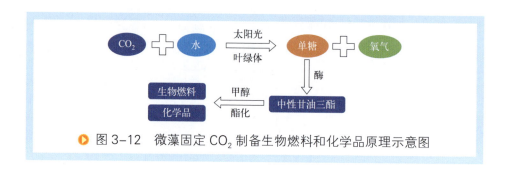

图 3-12 微藻固定 CO_2 制备生物燃料和化学品原理示意图

（2）CO_2 气肥利用

将捕集的 CO_2 注入温室，增加温室中 CO_2 的浓度来提升作物光合作用速率，以提高作物产量。传统的气肥施用技术已经进入商业化阶段，但 CO_2 温室气肥利用技术仍处于技术研发阶段。

（3）微生物固定 CO_2 合成有机酸

利用微生物发酵生产 L-苹果酸、丁二酸等化学品。利用微生物发酵将山芋粉、木薯干、玉米、纤维素、甘油及废糖蜜等底物转化为 L-苹果酸、丁二酸等产品，该过程中的某些步骤涉及 CO_2 的利用，即经过酶催化反应将 CO_2 羧化成羧酸，这属于化学能驱动的生物固碳技术。

CO_2 生物利用技术总结见表 3-4。

表3-4　CO_2生物利用技术总结

生物利用技术及具体方法		作用生物	发展方向及趋势
CO_2微藻生物利用	微藻固定CO_2转化为生物燃料和化学品	绿藻、硅藻和金藻等	光生物反应器及微藻培养工艺的优化与放大；微藻高效光合固碳和生长代谢网络的认识与改造；碳源选择、CO_2的高效吸收及其与微藻光自养培养过程的耦合；微藻养殖用水的循环利用及处理；微藻能源、微藻固碳、高附加值产品一体化技术的集成、优化与示范
	微藻固定CO_2转化为食品和饲料添加剂	小球藻、螺旋藻和雨生红球藻等	
	微藻固定CO_2转化为生物肥料	丝状蓝藻等	
CO_2气肥利用		温室大棚作物	研发低成本、用户友好的成熟产品
微生物固定CO_2合成有机酸		大肠杆菌、乳酸菌、酿酒酵母、枯草芽孢杆菌等和多个丝状真菌系统	设计构建生物质化能驱动固碳转化的新途径，提升目标化学品的高效生物合成能力

3.1.4 化工利用技术

化工利用是以化学转化为主要手段，将CO_2和共反应物转化成目标产物，实现CO_2资源化利用的过程，主要包括CO_2化学转化制备化学品和CO_2矿化利用两大类。CO_2化学转化制备化学品技术主要包括制备能源化学品、精细化工品和聚合物材料技术。CO_2矿化利用主要是通过天然矿物、工业材料和工业固废中钙、镁等碱性金属将CO_2碳酸化固定为化学性质极其稳定的碳酸盐。CO_2化工利用技术总结见表3-5。

表3-5　CO_2化工利用技术总结

化工利用技术		具体方法	发展方向及趋势
CO_2化学转化制备化学品	能源化学品	CO_2重整甲烷制备合成气	催化剂的设计和过程强化；与现有煤化工技术的深度耦合方案；应用领域的拓展，如煤化工驰放气、焦炉煤气等工业伴生气、废气的CO_2重整及其工程化

续表

化工利用技术		具体方法	发展方向及趋势
CO_2化学转化制备化学品	能源化学品	CO_2裂解经CO制备液体燃料	高稳定性氧载体材料的设计、合成及其失活行为机理和调控途径研究；太阳能集热反应器和专属样机研制；技术与当前能源化工产业的耦合途径
	精细化工品	CO_2加氢合成甲醇	对H_2的依赖程度较高；提高单程CO_2转化率；大规模工程实施过程中的能量集成和优化
		CO_2加氢直接制烯烃	提高催化剂性能，同时满足高CO_2转化率和高烯烃选择性；对绿色廉价H_2源的依赖程度高；技术放大过程中的难点和风险评估
		CO_2光电催化转化	动力学优化并设计新型反应器，在更低能耗的基础上提高CO_2转化率；开发高效光电催化剂材料，提高过程效率，降低产物分离难度；与可再生能源供给系统的合理匹配、融合
		CO_2合成有机碳酸酯	低能耗催化剂的高活性设计和过程强化；与上游煤化工行业及下游聚碳产业链的深度耦合方案；煤化工焦炉煤气等工业伴生气、废气中CO_2作原料的技术路线的工程化
		CO_2合成异氰酸酯/聚氨酯	无明显的技术障碍
	聚合物材料	CO_2合成可降解聚合物材料	高效、低能耗连续聚合工艺包的研发与设计；高效催化剂的工业生产技术；新型非均相催化剂的制备机理、表面形貌及结晶控制方案
		CO_2制备聚碳酸酯/聚酯材料	技术工程化放大中的尺寸效应；催化剂的优化及放大工作
CO_2矿化利用		钢渣矿化利用CO_2	非常规介质体系钢渣固碳组分高效提取、加压碳酸化转化工艺优化、专属装备研制；非常规介质体系钢渣分级浸出预处理残渣质量调控、再资源化利用工艺优化；高附加值产品的回收以及钢渣CO_2矿化产品性能稳定性；整体工艺的大规模工业示范

续表

化工利用技术	具体方法	发展方向及趋势
CO_2矿化利用	磷石膏矿化利用CO_2	尾气吸收工艺优化；尾气洗涤工艺优化；工艺条件优化
	钾长石加工联合CO_2矿化	研究破坏钾长石稳定结构及与其CO_2高效反应的方法；降低对钙离子的依赖；提高技术经济性
	CO_2矿化养护混凝土	有效的矿化反应强化方法；结构稳定性和耐久性；特定工艺和装置；与CO_2捕集技术的耦合方案

（1）CO_2重整甲烷制备合成气

在催化剂（工业纳米镍基催化剂）作用下，CO_2和CH_4在600～900℃的温度下反应生成合成气，反应式为$CO_2+CH_4 \longrightarrow 2CO+2H_2$。$CO_2$甲烷重整工艺流程见图3-13。该技术可直接利用煤化工副产的CO_2，提升过程的整体碳效，显著降低煤化工产品的碳排放强度；能够与CH_4水蒸气重整、CH_4部分氧化等过程耦合形成多重整过程，反应供能和合成气氢碳比调控灵活性高。我国在该技术领域的研发较为活跃，目前处于中试示范研究阶段，现中国科学院上海高等研究院已建成了首套万立方米每小时级甲烷CO_2自热重整制合成气工业侧线装置。

（2）CO_2加氢合成甲醇

利用H_2与CO_2作为原料气，在催化剂（铜基或其他金属氧化物催化剂）作用下将CO_2还原为甲醇，反应式为$CO_2+3H_2 \longrightarrow CH_3OH+H_2O$。$CO_2$加氢制甲醇工艺流程如图3-14所示。相对于传统的煤气化-合成气路线，CO_2与可再生电力制得的绿氢反应制甲醇是一种新兴的低碳绿色甲醇合成路线，在具有一定经济效益的同时具备显著的碳减排潜力。如中国科学院大连化学物理研究所千吨级"液态阳光"示范项目，以甲醇作为中间平台物可进一步实现煤化工或石油化工与下游产业的深度融合。

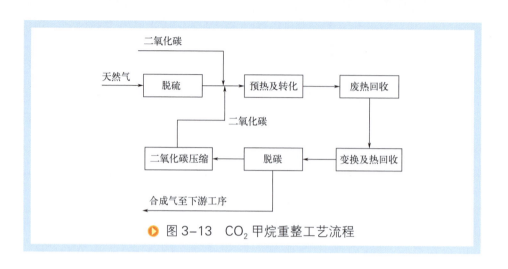

▶ 图 3-13 CO_2 甲烷重整工艺流程

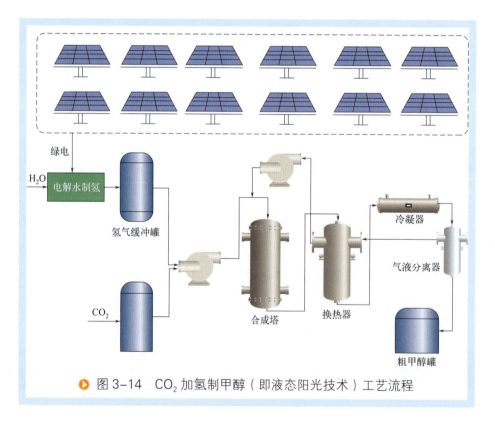

▶ 图 3-14 CO_2 加氢制甲醇（即液态阳光技术）工艺流程

（3）CO_2光电催化转化

通过光电催化剂作用，将CO_2在电解质水溶液中还原生成不同产物。该过程反应条件温和（常温常压），理论上无任何污染物产生；设备装置简单且应用规模灵活，基建投入产出比高；能量可完全来自可再生能源，可作为未来可再生能源大规模消纳的应用场景之一。该技术具体可分为电还原和光还原两个过程。

电催化还原CO_2是通过阳极中的水电解产生的氢离子进入阴极后，与附着在阴极的CO_2以及负极的电子耦合发生还原反应生成一系列具有较高价值的有机物的过程。具体而言，在阳极析氧反应（OER）催化剂作用下，水被氧化产生氢离子向阴极移动，同时析出O_2；在阴极电化学催化剂作用下，CO_2被吸附在极板上，氢离子参与CO_2还原，生成碳氢化合物产品和H_2O。但电催化还原CO_2过程（图3-15）实现选择性还原十分困难，这也是阻碍其实现商业化应用的重要原因之一。因此，迫切需要制备出高效稳定的电催化剂，以提高电催化还原CO_2的选择性、转化率、经济性和稳定性。

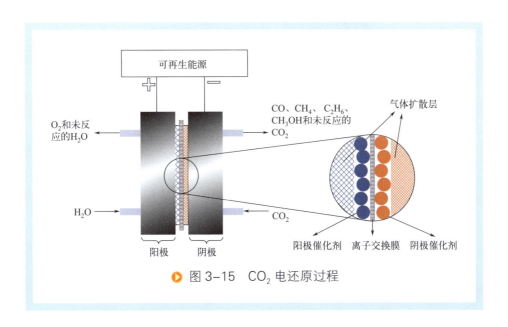

图3-15　CO_2电还原过程

光催化还原 CO_2 反应是利用半导体材料吸收光产生的电子-空穴对，诱发氧化与还原反应，通过光能转化为化学能，促进化合物分解或合成的过程。当入射光的能量大于或等于半导体的带隙时，半导体价带上的电子（e^-）可以吸收光子被激发，从价带跃迁到能量较高的导带，在价带上留下空穴（h^+），即在半导体中产生光生电子-空穴对，并从半导体内部迁移至表面活性位点。CO_2 光还原过程如图 3-16 所示。光生电子具有很强的还原能力，在 H_2O 存在的条件下，CO_2 与光生电子和水中的 H^+ 发生反应，生成碳氢化合物。与电催化还原 CO_2 过程类似，其光催化还原 CO_2 在材料设计方面仍处于起步阶段，提高对产物的选择性和 CO_2 还原率是推动光催化还原 CO_2 领域发展的关键。

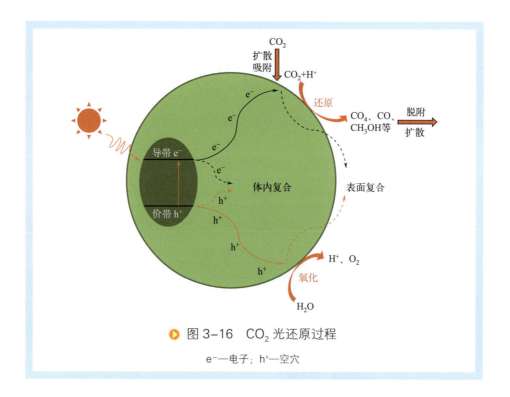

图 3-16　CO_2 光还原过程

e^-—电子；h^+—空穴

（4）CO_2 合成有机碳酸酯

将 CO_2 和甲醇（MeOH）作为反应原料，可制备碳酸二甲酯（DMC）。该技术分为直接和间接两种路径：一是以 CO_2 为原料，在催化剂的作用下，直接与甲醇反应生成碳酸二甲酯，反应式为 $CO_2+2CH_3OH \longrightarrow CH_3OCOOCH_3+H_2O$；二是利用 CO_2 和具有较高反应活性的环氧化合物合成环状碳酸酯，后者再与甲醇反应生成碳酸二甲酯，反应体系的毒性和腐蚀性显著较低，环保性和绿色性显著提升。目前，全球处于该技术的基础研究阶段。我国 CO_2 经碳酸乙烯酯（EC）和甲醇间接制备碳酸二甲酯（DMC）技术已经完成了万吨级全流程工业示范验证，成熟度相对较高，反应式如图3-17。

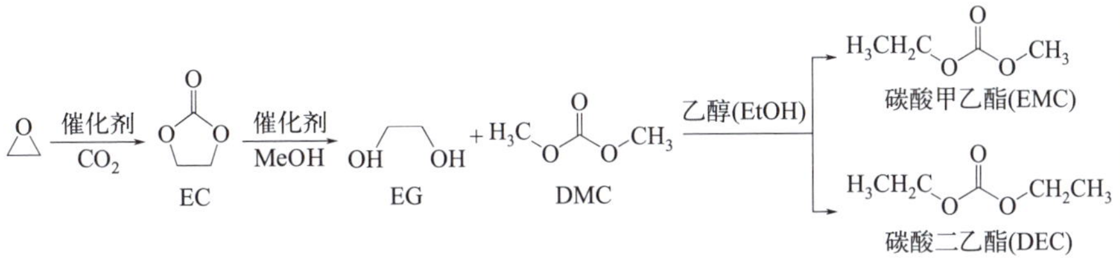

图 3-17　CO_2 和甲醇间接制碳酸二甲酯反应式

（5）CO_2 合成可降解聚合物材料

CO_2 与环氧丙烷等环氧化物在一定温度、压力下经催化剂作用发生共聚反应可制备脂肪族聚碳酸酯，反应式见图3-18。该技术成本低，产品应用广泛且可全生物降解，经济环保，可缓解高分子材料合成对石油的依赖。

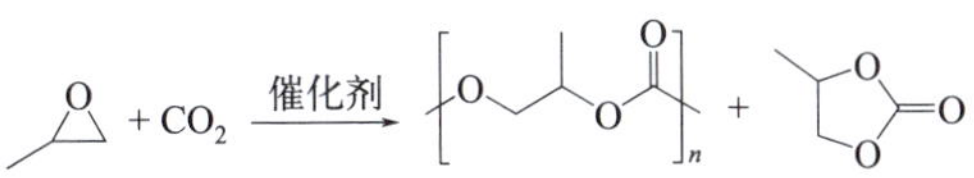

图 3-18　CO_2 和环氧丙烷制可降解聚合物反应式

（6）CO_2 合成异氰酸酯/聚氨酯

CO_2 为羰基化试剂与苯胺、甲醛共同反应，经脱水后获得异氰酸酯，并进一步转化为聚氨酯，反应式如图3-19所示。该技术不涉及光气法安全控制问题,规模灵活,有利于构建甲醇下游耦合利用生产多元化体系,产品质量不受残余氯的影响。

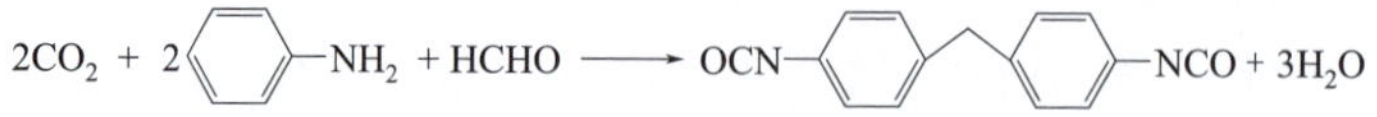

$2CO_2 + 2\,\text{C}_6\text{H}_5\text{—}NH_2 + HCHO \longrightarrow OCN\text{—}C_6H_4\text{—}CH_2\text{—}C_6H_4\text{—}NCO + 3H_2O$

▶ 图 3-19 CO_2 合成异氰酸酯反应式

（7）CO_2 制备聚碳酸酯/聚酯材料

CO_2 与环氧乙烷合成碳酸乙烯酯,碳酸乙烯酯继而和有机二元羧酸酯耦合反应合成乙烯基聚酯（PET）以及聚丁二酸乙二醇酯（PES）,同时联产 DMC,DMC 和苯酚合成碳酸二苯酯（DPC）,DPC 继而和双酚 A 合成芳香族聚碳酸酯（PC）,反应式如图 3-20 所示。该方法避免使用光气,投资成本降低,工艺生产开发较快,过程全封闭,无副产物。我国不同产品的发展成熟度不同,国内 CO_2 间接合成 PC 技术处于中试示范至工业应用阶段,CO_2 间接合成 PES、PET 等处于基础研究至技术研发阶段。

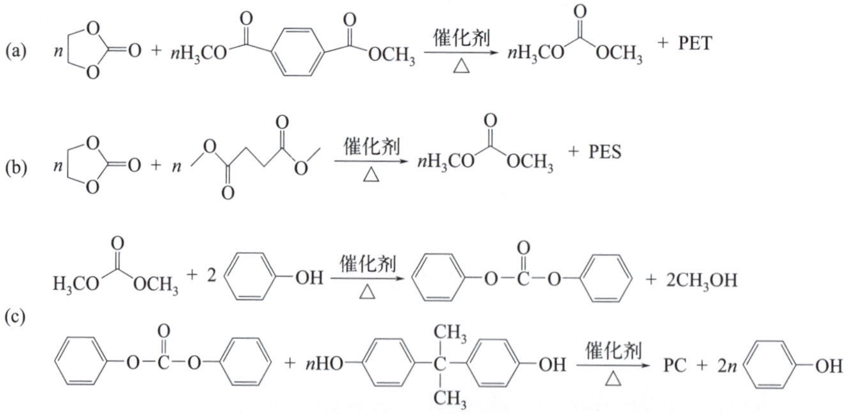

▶ 图 3-20 CO_2 间接合成 PET（a）、PES（b）、PC（c）反应式

（8）钢渣矿化利用 CO_2

钢铁生产过程产生的钢渣与 CO_2 碳酸化反应，可将其中的钙、镁组分转化为稳定的碳酸盐产品，实现钢渣中钙、镁资源的回收利用，在钢铁行业内部形成废渣和废气的协同消化；过程产物可作为建筑材料，节省原料运输成本与研磨等预处理的能耗，并获得贵重金属等高附加值产物。我国已经进入工程示范阶段，在矿化工艺集成、专用装备等方面取得重要进展，并完成了千吨级 CO_2 矿化装置的研制及集成。

（9）磷石膏矿化利用 CO_2

利用硫酸钙和碳酸钙在硫酸铵中的溶度积差别，在氨介质体系中，磷石膏中的硫酸钙与 CO_2 反应生成碳酸钙和硫酸铵。碳酸钙可被加工成高附加值的轻质碳酸钙产品，硫酸铵母液可转化制备硫酸钾及氯化铵钾等硫基复肥产品。

（10） CO_2 矿化养护混凝土

早期水化成型后的混凝土中的碱性钙镁组分，包括未水化的硅酸二钙和硅酸三钙，以及水化产物氢氧化钙和 C-S-H 凝胶可通过这些物质和 CO_2 之间的加速碳酸化反应来替代传统水化养护或蒸汽（蒸压）养护，实现混凝土产品力学强度等性能的提升。该技术避免了传统蒸汽养护技术中加热蒸汽带来的能耗，同时实现了大规模的固废资源化利用。

生物与化工利用技术小结

相关研究结果表明，预计 2050 年 CO_2 生物利用技术碳减排潜力将达 $8.9 \times 10^6 \sim 12.8 \times 10^6$ t/a，还将带来巨大的经济效益。2050 年 CO_2 化工利用技术碳减排潜力将达 $3.95 \times 10^8 \sim 5.3 \times 10^8$ t/a，缓解我国紧迫的减排压力，并形成新兴产业，推动传统低碳产业的绿色升级。但 CO_2 利用技术的减排潜力和成本很大程度上取决于所采用的能量来源（可再生能源或化石能源）和价格，不确定性较大。2050 年我国 CO_2 化工与生物利用技术预测结果中，CO_2 加氢合成甲醇、CO_2 制备聚合物材料及矿化利用技术的产能和产值较高，具备市场应用潜力，如图 3-21、图 3-22、图 3-23 所示。

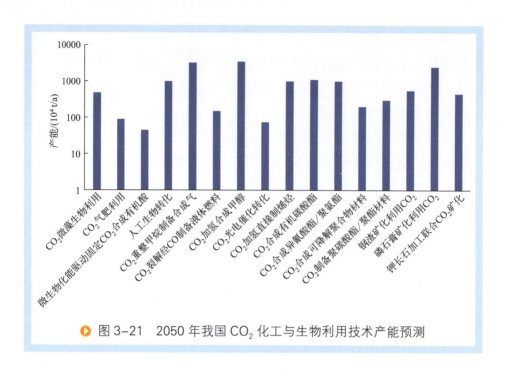

图 3-21 2050 年我国 CO_2 化工与生物利用技术产能预测

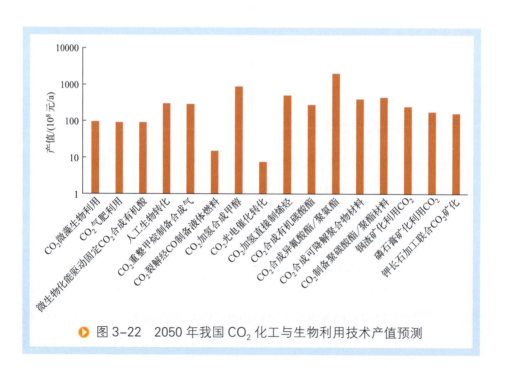

图 3-22 2050 年我国 CO_2 化工与生物利用技术产值预测

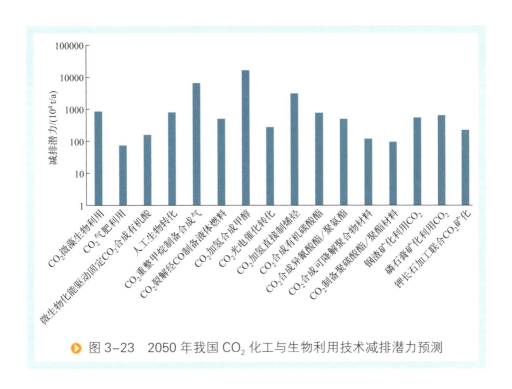

图 3-23 2050 年我国 CO_2 化工与生物利用技术减排潜力预测

3.1.5 地质利用与封存技术

将 CO_2 注入条件适宜的地层,利用其驱替、置换、传热或化学反应等作用生产有价值的产品,同时实现其地质封存以减少排放。地质利用包括强化采油、强化开采甲烷(CH_4)、地质浸采与原位矿化、采热以及强化深部咸水开采与封存五大类(表3-6)。

表3-6 CO_2地质利用技术总结

地质利用与封存技术及具体方法	发展方向及趋势
CO_2强化采油	陆相沉积油藏,较高密度、较高黏度原油的强化采油科学认知;原油增产效果证实;高压、大排量CO_2注入、输送、分离回注、存储及CO_2检测、监测、防腐等设备;融资、商业模式、区域基础设施、配套政策

续表

地质利用与封存技术及具体方法		发展方向及趋势
CO_2强化开采甲烷	CO_2驱煤层气	低渗透煤层增渗；气体在煤层中的运移监测；技术的适用条件、系统优化、过程控制；混合气体驱替煤层气技术
	CO_2强化天然气开采	CO_2（超临界流体）与天然气（气态）的混合抑制工艺
	CO_2强化页岩气开采	CO_2注入对页岩基质性质的诱导效应；页岩储层中的CO_2和CH_4多组分竞争吸附与渗流动力学过程；非均质页岩储层的复杂孔隙系统等
	CO_2置换天然气水合物中的甲烷（CH_4）	实施方法、工艺流程、装置要求等；经济性、可靠性问题；规划潜力验证
CO_2强化深部咸水开采与封存		在场地表征与筛选、大规模CO_2注入、深部CO_2运移监测技术、规模化封存的安全与风险评估，以及高效低成本的咸水处理技术方面仍需要深入研究和大规模工程验证
CO_2地质浸采与原位矿化	CO_2浸采采矿	非均质性强铀矿床CO_2地浸采铀技术的工艺优化
	CO_2原位矿化封存	技术可行性与实施方法，工艺流程、装置要求等
CO_2采热	CO_2羽流地热系统	诱发地震问题；稳定的系统运行和热能提取过程；理论和模型预测的测试和改进；配套设施和技术
	CO_2增强地热系统	

地质封存按照封存体的不同可以划分为枯竭油气田封存、咸水层封存与深部不可采煤层封存。根据CO_2进入咸水层后的状态和变化可将咸水层封存进一步分为构造圈闭、残余圈闭、溶解圈闭和矿化圈闭等，CO_2地质封存圈闭机制见图3-24。构造圈闭是其中最主要的机制，CO_2受浮力作用，通过多孔岩向上运动，在盖层的阻挡下聚集在地质构造的顶部，通常是在背斜核部或是单斜构造的高点。残余圈闭是CO_2在孔隙内运移时，由于孔隙中毛细压力的存在，CO_2被水包围，没有足够的能量突围而停滞，以不连贯或残留的水滴形式留在孔隙中间。溶解圈闭是指CO_2以气态或超临界状态溶解在多孔岩的盐水（或卤水）中，含有CO_2的盐水比周围的液体密度大，随着时间推移沉到岩层底部，从而

更安全地圈闭CO_2。矿化圈闭是指CO_2溶解于水,形成CO_3^{2-},与Ca^{2+},Mg^{2+},Na^+等阳离子结合形成矿物沉淀,主要的固碳矿物是片钠铝石、方解石、白云石和菱镁矿等。

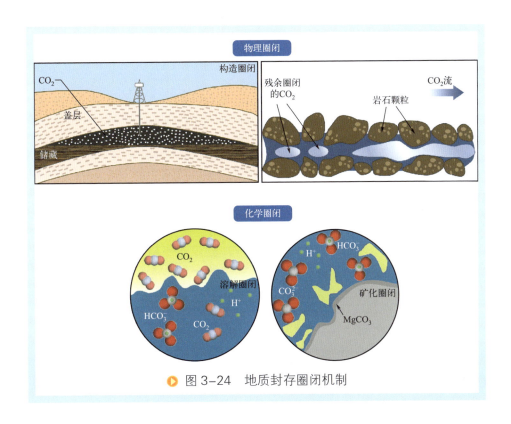

图 3-24 地质封存圈闭机制

(1)CO_2强化采油

CO_2强化采油技术(CO_2-EOR,简称CO_2驱油)将超临界或液相CO_2注入常规方法难以开采的油藏,同时利用其与原油混合降低原油的黏度和密度等物理化学作用,实现原油增产并封存CO_2。大约50%～67%的注入CO_2会和原油一起被开采出来,分离后再回注入地层。注入的剩余部分CO_2溶于地层流体、成矿固化,或被构造圈闭,实现永久封存。当油藏开采到无经济价值时,即转化为CO_2枯竭油藏封存。CO_2-EOR可分为混相驱油和非混相驱油。当地层压力高于CO_2与原油的最小混相压力时,称之为混相驱油。当地层压力低于最小混相压力时，称之为非混相驱油。该技术全球已商业化，我国暂时处于工业试验阶段。在我国地质条件和当前技术水平下，CO_2驱油成本为每吨油3040～4140元。我国适宜驱油的盆地有东北松辽盆地、华北渤海湾盆地、中部鄂尔多斯盆地以及西北准噶尔盆地和塔里木盆地。

（2）CO_2驱替煤层气与深部不可采煤层封存

CO_2驱替煤层气技术（CO_2-ECBM）是指将CO_2或者含CO_2的混合流体注入深部不可开采煤层中，维持煤层压力。由于CO_2的密度比CH_4大，CO_2注入之后会促进甲烷脱附并置换吸附的甲烷，也就是煤层气（属于非常规天然气），同时实现CO_2长期封存，有效降低煤层自燃和高含甲烷（瓦斯）煤田发生爆炸的可能性。全球总体处于先导试验与示范阶段，我国已完成中试阶段内容，预计还需10年才能达到商业化应用推广水平。我国各煤层气盆地CO_2源汇匹配条件较好，其中鄂尔多斯盆地、准噶尔盆地、吐哈盆地、海拉尔盆地CO_2驱煤层气碳封存潜力最大，吐哈盆地、三塘湖盆地、阴山盆地和依兰-伊通盆地单位面积CO_2减排潜力最大，技术经济性相对较好。

（3）CO_2强化天然气开采

CO_2强化天然气开采技术（CO_2-EGR）指从气藏底部注入超临界CO_2，因物性差别和重力分异，较轻的天然气被超临界CO_2驱赶至气藏圈闭的上部，经生产井采出，超临界CO_2由于密度较大，沉降在气藏圈闭下部被封存起来。国外该技术处于初期或中期工业技术示范水平，项目少、规模小，以试验为主。国内在该领域主要开展实验及机理模拟，尚未开展大规模的现场试验。CO_2驱天然气潜力较大的鄂尔多斯盆地、准噶尔盆地、塔里木盆地、柴达木盆地逐步出现枯竭气田。此外，南海部分离岸气田已经进入枯竭期，因此，除进行天然气强化开采，也应结合气田枯竭时间，充分利用已有离岸设备，考虑对离岸气田的直接封存。

（4）CO_2强化页岩气开采

CO_2强化页岩气开采技术（CO_2-ESGR）指用超临界CO_2或者液态

CO_2代替水来压裂页岩，并利用CO_2吸附性比甲烷强的特点，置换甲烷，从而提高页岩气开采率并实现CO_2封存。主要优势：①超临界CO_2黏度低，储层伤害小，易进入微小孔隙与裂隙；②水资源的需求量小，返排率高。目前全球处于现场先导试验阶段，在技术可行性与风险管控等方面的认识尚有不足，我国处于基础研究阶段。松辽盆地、鄂尔多斯盆地、吐哈盆地、准噶尔盆地等陆域沉积盆地页岩气藏具有较好的CO_2源汇匹配条件。

（5）CO_2置换天然气水合物中的甲烷

将CO_2注入天然气水合物储层，利用CO_2水合物形成时放出的热量使天然气水合物分解，从而开采甲烷。该技术具有能耗低、效率高、对地层影响小等特点。该技术目前仅在日本有工业化试点且经济可行性尚不明确，在国内尚处于实验室研究阶段。我国南海北坡天然气水合物矿区邻近珠江三角洲地区，两地CO_2排放量大，能够为CO_2置换天然气水合物提供充足的CO_2气源。预计在2050年前，该技术可能将持续处于基础研究状态，难以发挥显著的减排贡献。近期可选择南海北坡矿区开展先导性试验，评估技术可行性和经济性等，为后期工程示范或大规模应用奠定基础。

（6）CO_2铀矿浸出增采

CO_2铀矿浸出增采技术（CO_2-EUL）是指将CO_2与溶浸液注入砂岩型铀矿层，通过抽注平衡维持溶浸流体在铀矿床中的运移和含铀矿的选择性溶解，在采出铀矿的同时实现CO_2封存的过程，工艺流程如图3-25所示。该技术的原理主要有两方面：一是通过加入CO_2调整和控制浸出剂的碳酸盐浓度和酸度，促进砂岩铀矿床中铀矿物的配位溶解，提高铀的浸出率；二是CO_2的加入可控制地层内碳酸盐矿物的影响，避免以碳酸钙为主的化学沉淀物堵塞矿层，同时能够有效地溶解铀矿床中的碳酸盐矿物，提高矿床的渗透性。该技术在国内外已经实现成熟的工业化应用，适合高碳酸盐砂岩型矿床开采。

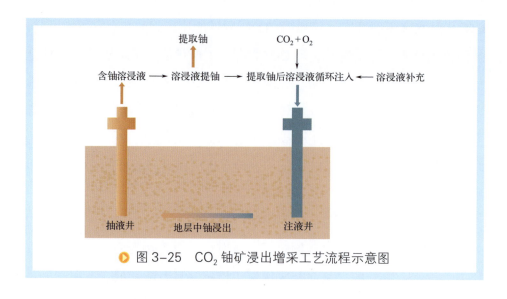

图 3-25 CO_2 铀矿浸出增采工艺流程示意图

（7）CO_2 原位矿化封存

CO_2 原位矿化封存是指直接将 CO_2 注入富含硅酸盐的地层中，在地层原位完成 CO_2 与含碱性或碱土金属氧化物天然矿石的反应，从而生成更为稳定的、永久的碳酸盐。CO_2 原位矿化封存技术示意图见图 3-26。与一般的 CO_2 矿化封存技术相比，CO_2 原位矿化封存技术有着封存量大和成本低的优势。该技术可实现 CO_2 永久性的大规模封存。目前，CO_2 原位矿化封存技术在全球范围内的总体研究水平仍处于先导试验阶段，但已取得多个令人振奋的阶段性进展，我国目前处于基础研究阶段。在 2030 年前，预计全球仍将处于小规模现场试验阶段，该技术难以发挥显著的减排贡献。在我国可选择在新疆维吾尔自治区西南部开展先导性试验，评估技术可行性和经济性等，为后期工程示范或大规模应用奠定基础。

（8）CO_2 增强地热系统

CO_2 增强地热系统（CO_2-EGS）以 CO_2 为工作介质进行压裂以及换热、传热实现地热的开采利用，包括 CO_2 羽流地热系统（CPGS）和 CO_2 增强地热系统。CPGS 以 CO_2 作为传热工质，开采高渗透性天然孔隙储层中的地热能。CO_2-EGS 以超临界 CO_2 作为传热流体，替代水开采深层增强型地热系统中的地热能。该技术在全球均处于基础研究与早期示范阶段。

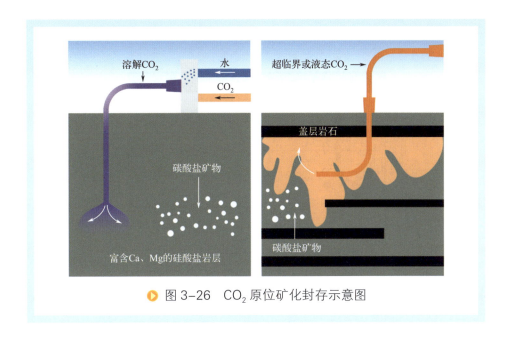

图 3-26 CO_2 原位矿化封存示意图

（9）CO_2 强化深部咸水开采与封存

CO_2 强化咸水层开采技术（CO_2-EWR）是指将 CO_2 注入深部微咸水、咸水或卤水层，驱替地下深部的高附加值液体矿产资源（如锂盐、钾盐、溴素等）或水资源，同时实现 CO_2 在地层内长期封存的过程。CO_2 驱水过程见图 3-27。该技术在部分发达国家处于规模化工程应用阶段，国内已完成先导性试验研究。我国北部与西北部的富煤乏水区域具有较好的 CO_2 驱水早期实施条件，特别是煤化工和石油化工密集的内蒙古自治区、宁夏回族自治区、陕西省、新疆维吾尔自治区等。

在所有的封存体类型中，深部咸水层封存发挥主导作用，且咸水层分布广泛，是较为理想的 CO_2 封存场地。由于超临界状态下的 CO_2 具有密度大、黏度低、扩散系数大的特点，传质性能极强，更有利于实现永久封存，也更有利于保持其稳定性和安全性。因此 CO_2 地质封存需要满足的是咸水层的深度，理想深度应在地下 800～3500m 之间。但在咸水层封存过程中，CO_2 会与水反应产生碳酸，当酸产生后 pH 值下降，碳酸会导致岩石溶解，钙会沉淀形成碳酸钙或硫酸盐，这取决于可用的阴离子。因此，CO_2 在溶解或沉淀矿物后，可以增大孔隙度和渗透率。

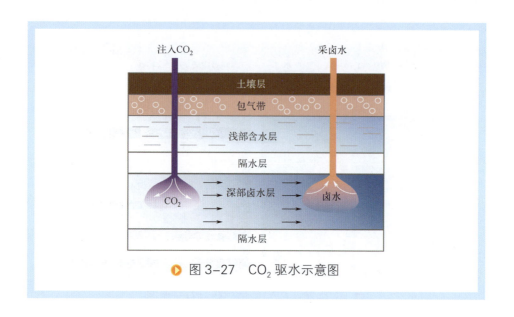

图 3-27　CO_2 驱水示意图

中国深部咸水层的 CO_2 封存容量约为24200亿吨，约占总封存量的一半。我国在咸水层封存工程实践方面也早有布局，国家能源集团鄂尔多斯煤制油分公司10万吨每年的 CO_2 咸水层封存项目已于2015年完成30万吨注入目标，并停止注入，进入监测期。

（10）CO_2 枯竭油气田封存

油田、天然气田经过一段时间的开发后，受技术与经济条件等限制，剩下的油气不能被采出，被称为枯竭油气藏。与上述咸水层封存相比，枯竭油气藏的岩石完整性更高，可以确保在对环境影响较小的情况下长期封存 CO_2。在枯竭油气田封存中，与枯竭油藏相比，枯竭气藏显示出更大的 CO_2 储存能力。在气藏条件下，CO_2 和天然气是完全混合的，这与油藏不同。中国油气藏主要分布于松辽盆地、渤海湾盆地、鄂尔多斯盆地和准噶尔盆地等地方，利用这些油气藏可以封存约294亿吨的 CO_2。新疆准噶尔盆地克拉玛依油田克下组油藏 CO_2 捕集利用与封存先导试验从2019年年底开始注入液态 CO_2，目前已累计注入9万吨。

地质利用与封存技术小结

在我国 CO_2 地质利用与封存技术体系中，以 CO_2 地浸采铀技术最为成熟，已实现工业应用水平，且我国具有较大的天然铀需求缺口，未来短期内该技术可能被铀矿开采广泛采用。CO_2驱油技术在我国处于工业示范阶段，是我国未来一段时间内CO_2地质利用与封存技术主要增长点。预计2050年我国CO_2地质利用与封存技术减排潜力将超过20亿吨每年。2050年我国地质利用与封存技术减排潜力预测见图3-28。

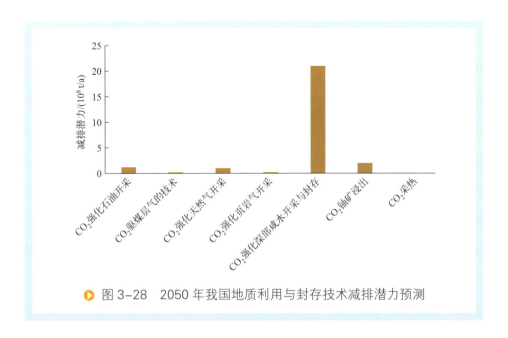

图3-28　2050年我国地质利用与封存技术减排潜力预测

3.1.6　负碳技术

（1）BECCS

BECCS是指将生物质燃烧或转化过程中产生的CO_2捕集、利用或封存的过程，如图3-29所示。目前，BECCS技术在全球范围内尚处于研发和示范阶段，还不具备大规模商业化运行的条件。据IEA统计，截至2020年，全球共有BECCS项目13项，分布在美国、日本和加拿大等地区，应用于生物质乙醇工厂、生物质发电、垃圾焚烧等领域。如英国在东海岸集群部署了Net Zero Teesside项目和Zero Carbon Humber工业区，该工业区建设了欧洲首个Drax BECCS负碳发电示范项目，预计到2027年两个生物质装置每年可实现 800 万吨 CO_2 负排放。瑞典计划在斯德哥尔摩启动商业规模 Exergi BECCS 示范项目，基于生物质热电联产厂，充分捕集、液化并封存 CO_2 至咸水层，其热量被用来区域供热。在我国，一些研究机构和高校开展了 BECCS 相关理论研究和实验室规模的试验探索。

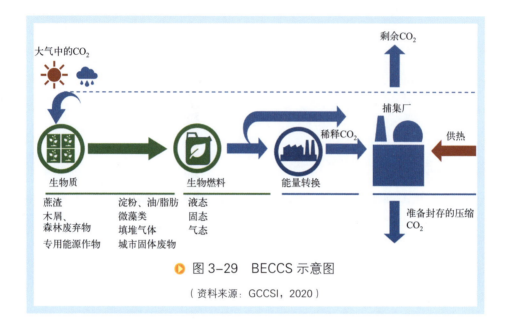

图 3-29　BECCS 示意图

（资料来源：GCCSI，2020）

（2）DACCS

DACCS 是指直接从大气中捕集 CO_2，并将其利用或封存的过程。1999 年，Lackner 教授第一次提出了从空气中去除 CO_2——直接空气碳捕集（DAC）技术。最近 20 年来，DAC 技术已经从不可能到了经济上初具实际应用的可能。由于大气 CO_2 浓度稀薄，DAC 捕获、浓缩 CO_2 的能耗要高得多，目前 DAC 一般采用物理吸附或化学吸附的形式，关键是高效低成本的吸附材料的开发和利用。吸附剂包括液态和固态两种形式，分为液相直接空气捕集（L-DAC）（图 3-30）、固相直接空气捕集（S-DAC）（图 3-31），两种捕集技术的对比见表 3-7。由于固体吸附剂具有较好的动力学性能，可以避免溶剂损失，能够减少热耗，因此比较普遍使用的是固体吸附剂。根据固体吸附剂 CO_2 吸附原理的不同，可分为物理吸附剂、化学吸附剂和湿法再生吸附剂等。对于液体吸附剂,虽然传统碱溶液对 CO_2 的吸附量大、吸附速率快,但吸附剂再生过程能耗过大。图 3-31 所示的是 Carbon Engineering 公司的 L-DAC 技术示意图:首先通过空气接触器将大气中低浓度的 CO_2 捕集并由 KOH 溶液吸收,将 CO_2 转化为 K_2CO_3 溶液;K_2CO_3 溶液进入颗粒反应器与 $Ca(OH)_2$ 溶液反应后生成 $CaCO_3$ 固体和 KOH 溶液;$CaCO_3$ 固体进入煅烧炉分解为高浓度 CO_2 和 CaO 固体,对高浓度 CO_2 进行收集和储存,CaO 固体在生石灰消化器中与 H_2O 反应生成 $Ca(OH)_2$ 溶液进行回用。

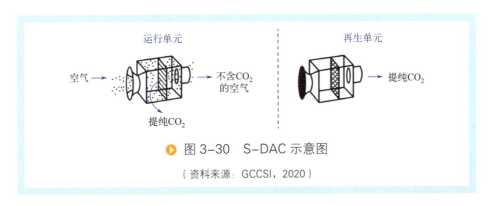

图 3-30　S-DAC 示意图

(资料来源:GCCSI,2020)

表3-7　两种DAC技术对比

指标	S-DAC	L-DAC
吸附剂	固体	液体
能耗(GJ/t)	7.2～9.5	5.5～8.8
再生温度	80～100℃	约900℃
再生压力	真空	环境
CO_2捕集规模	模块化(每个单元50t/a)	大规模($0.5×10^6$～$1×10^6$t/a)
每吨CO_2净需水量/t	-2～0	0～50
每吨CO_2土地需求/km²	1.2～1.7	0.4
每吨CO_2生命周期碳排放/t	0.03～0.91	0.1～0.4
每吨CO_2平准化成本/美元	<540	<340

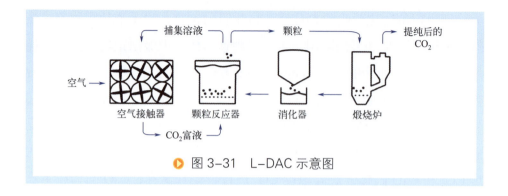

图 3-31 L-DAC 示意图

目前，DAC 技术已出现商业化应用，2017 年 Climeworks 在瑞士建设了第一座商业规模的 DAC 化肥工厂，每年可捕集 800t CO_2，每吨的成本为 500～600 美元。加拿大公司 Carbon Engineering 计划建设世界上最大的 DAC 工厂，每年可直接捕集 1×10^6 t CO_2，其标准化成本有望可降至每吨 CO_2 94～232 美元，最终用于生产碳中性饮料、化学品和材料等。

3.2 关键科学问题

CCUS 技术发展的重点是聚焦碳元素高效转化和循环利用问题，发展 CO_2 捕集、转化和耦合利用相关的负排放技术，实现 CO_2 源头低能耗捕集在碳密集型行业的规模应用。

CO_2 捕集成本的降低是 CCUS 全链条技术研发的重点，其中碳捕集系统的设备尺寸、材料选择、工艺的复杂性及其与基础设施的集成是影响碳捕集成本的三个关键技术因素，其面临的关键科学和工程问题包括：低能耗、低成本功能性捕集原理；二、三代捕集技术，如二代吸附剂、固体吸附剂、化学链捕集技术、阿拉姆循环等；高效低能耗碳捕集材料；直接空气碳捕集等分布源捕集技术；碳捕集与能源、工业等领域系统的集成耦合等。

CO_2 运输和地质利用封存过程中的安全性是获得公众和社会对 CCUS 技术支持与认可的重要方面。在 CO_2 运输方面的研究重点包括

CO_2 净化、压缩、液化，自动化运维，安全性评价等关键问题；在 CO_2 地质利用与封存方面，重点研究 CO_2 强化采油，CO_2-水-岩作用定向干预及封存性能强化，CO_2 矿化利用，强非均质场地表征、建模及封存模拟，地质封存监测控制和环境影响预测等关键问题。

CO_2 循环利用是构建碳循环经济不可或缺的关键一环。CCUS 技术长期集中于开发高效定向转化合成有机含氧化学品、油品新工艺，发展高效光/电解水与 CO_2 还原耦合的光/电能和化学能循环利用方法，实现碳循环利用。其面临的主要科学和工程问题包括：降低成本和能源壁垒，使碳利用转化途径更具经济性；热化学、电化学、光/光电化学转化机理研究；催化剂的多功能强化和再生；热质光电高效传输与耦合；新型反应器的设计方法；CO_2 生物转化为多碳化学品和生物燃料；固液气三相生物过程调控等。

CCUS 领域重大科学与技术问题见图 3-32。

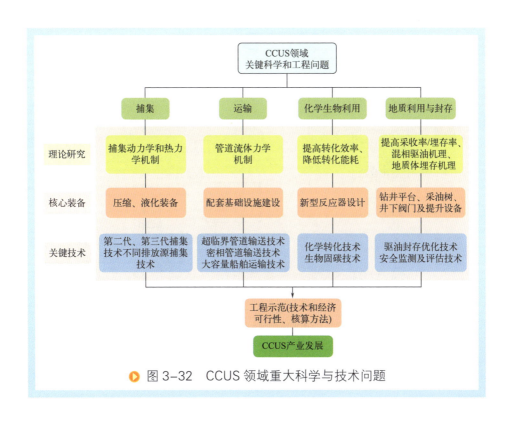

▶ 图 3-32 CCUS 领域重大科学与技术问题

3.3 颠覆性技术清单

3.3.1 阿拉姆循环

美国 NET Power 的阿拉姆循环是一种新兴碳捕集方法,具体是指在燃烧气化的煤或天然气过程中用纯氧取代空气,其循环过程如图 3-33 所示。该技术使用全氧燃料,产生相对纯净的 CO_2 流,将超临界 CO_2 作为动力循环中的工作流体来发电,可以实现一座碳中性、不排放任何 CO_2 气体的发电站。未来在新型发电站中,不再需要传统方法中的水蒸气或者空气。

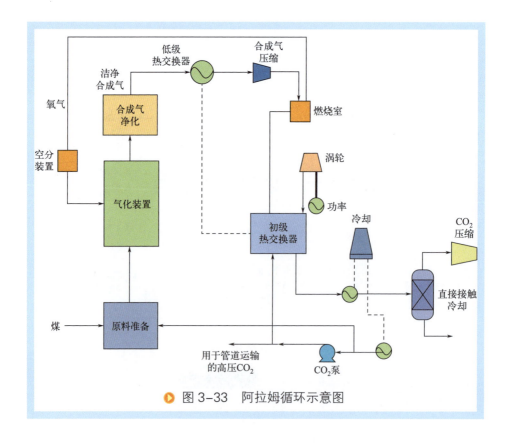

图 3-33 阿拉姆循环示意图

3.3.2　CO_2 电化学捕集技术

CO_2 电化学捕集是一项全新的高效技术，有望降低捕集过程的成本和能耗，具体是指利用质子耦合电子转移原理（PCET）促进 CO_2 吸收可实现等温、低能耗条件下捕集，其基本原理和捕集过程如图 3-34 所示。该技术第一步是电解过程也是 CO_2 解吸步骤，第二步是 CO_2 吸附步骤和溶剂再生步骤。在阴极，黄素单核苷酸（FMN）通过接受两个质子形成其还原物 $FMNH_2$，这增加了阴极电解液的碱度，并可能进一步将 HCO_3^- 转化为碳酸盐。在阳极侧，$FMNH_2$ 氧化产生 H^+ 导致 pH 降低，从而从 HCO_3^- 中释放 CO_2。阳极侧电解产生的 CO_2 排放可以达到约 100% 的浓度，适合进一步利用或储存 CO_2。研究表明，CO_2 电化学捕集技术的能耗为 67kWh/t，仅占传统化学吸收法的 1/5～1/9；每吨 CO_2 成本约为 68.3 元，为传统化学吸收法的 1/4。

3.3.3　CO_2 矿化发电技术

CO_2 矿化是一类在热力学上自发进行，即 $\Delta G<0$ 的 CO_2 利用途径，其反应产生的能量十分有希望用于能量转化。CO_2 矿化发电技术是将 CO_2 矿化反应的化学能直接转化为电能的碳减排方法，其本质上是酸性气体 CO_2 和碱性固废形成的浓差电池，如图 3-35 矿化电池原理示意图所示。该技术利用碱性固废（如电石渣、钢渣、粉煤灰等）和 CO_2 作为反应原料，输出电能的同时，将 CO_2 固定为具有高附加值的碳酸盐产品（如碳酸钙、碳酸钠等）。作为 CO_2 深度能源化利用手段，CO_2 矿化发电技术不仅可以实现碳减排 - 固废处理 - 电能输出 - 化工生产，还可以与直接煤燃料电池技术耦合构建零碳能源系统，将有望在未来实现煤炭清洁发电。

3.3.4　CO_2 矿化固化混凝土新技术

在 CO_2 矿化利用方面，加拿大 CarbonCure Technologies 公司提出

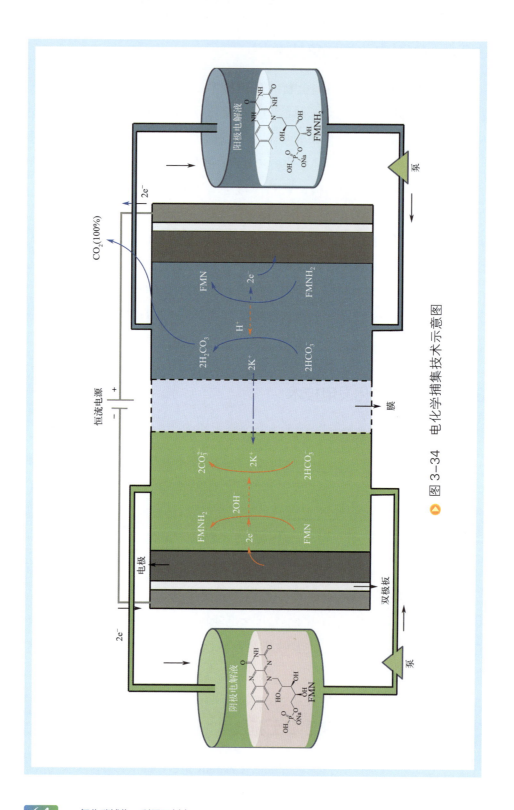

图 3-34 电化学捕集技术示意图

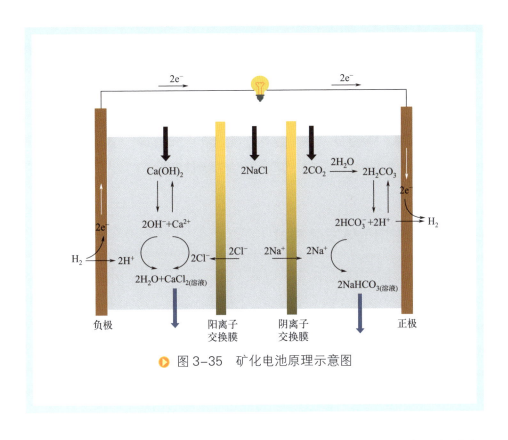

图 3-35 矿化电池原理示意图

的全新技术是将捕集的CO_2液化处理后注入新鲜混凝土中，与水泥中的钙离子发生反应使其矿化，形成一种纳米大小的矿物，并永久嵌入其中，注入CO_2后可使混凝土的抗压强度提高10%。同样，美国Solidia Technologies公司也推出了CO_2固化混凝土技术，整个过程可使水泥生产中CO_2排放量减少30%，碳足迹最高减少70%，并回收60%~80%的生产用水，该技术优势如图3-36所示。CO_2矿化固化混凝土新技术与传统混凝土使用的原材料和设备相同，但得到的产品性能更高，生产成本更低，并能在24小时内固化，而传统混凝土需要几天时间才能充分固化。因此该固化工艺在现有设备和相同原材料的基础上，利用少量的水和大量的CO_2实现固化效率和混凝土性能的双重提升。

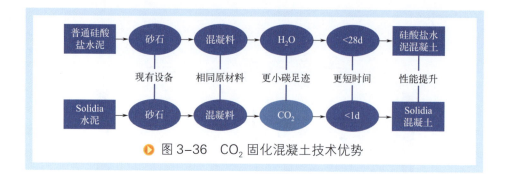

图 3-36 CO_2 固化混凝土技术优势

3.3.5 微生物气体发酵技术

气体发酵技术主要是以富碳气体（CO_2、CO、H_2）为原料，生产碳氢化合物或者醇类化合物（丁二醇、乙醇等）等多种工业化学品，后续可用于制备塑料等生活中广泛应用的产品，微生物气体发酵技术流程如图 3-37 所示。此外，国外目前可以用含有一氧化碳和氢气的工业尾气制造乙醇，这项技术已经在中国实现了商业化。该项技术可以实现碳资源的生物转化和化学转化耦合利用，提高碳元素的利用效率。

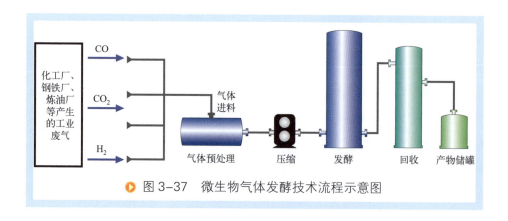

图 3-37 微生物气体发酵技术流程示意图

3.3.6 CO_2 捕集-矿化利用一体化技术

CO_2 矿化利用技术通常存在反应速率慢、转化率低以及矿石活化能耗高等问题。针对此，CO_2 捕集-矿化利用一体化技术利用有机胺对 CO_2 进行捕获，再使富含 CO_2 的溶液与矿石反应，最终 CO_2 以固体的形式被分离，有机胺经可再生处理之后可继续使用。整个工艺过程完全闭合循环，大大减少了各类试剂的用量并降低了整体能耗，其技术流程如图 3-38 所示。

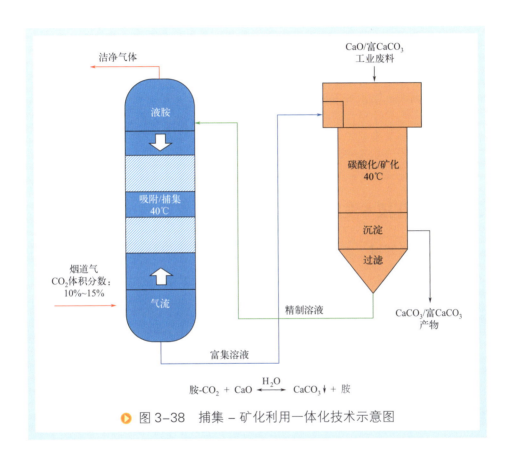

图 3-38 捕集－矿化利用一体化技术示意图

3.4 CCUS技术发展路径

CCUS 技术处于研发示范阶段，随着技术逐渐成熟，CCUS 有望成为我国从以化石能源为主的能源结构向多能融合的新型能源系统转变的重要技术保障。预计在 2060 年前，CCUS 技术的高能耗和高成本等共性问题将得到根本改善，在各行业广泛推广应用该技术不仅可以实现高碳能源大规模低碳化利用，而且可以与可再生能源结合实现净零排放。未来需要明确在重点行业中 CCUS 技术应用对新材料、新技术、新方法、新过程的需求，开发新一代低成本碳捕集吸收剂/吸附剂、高性能 CO_2 催化剂，探索开发温和条件下的 CO_2 活化转化新过程、工业过程废热与 CCUS 过程高效耦合的新方法、CCUS 技术与工业过程深度耦合的新途径、CCUS 产业集群与新型多元能源系统的构建等。依据科技部出版的《中国碳捕集利用与封存技术发展路线图（2019）》绘制以下各技术环节的发展路径。

3.4.1　捕集技术发展路径

在碳捕集领域，捕集技术可分为三大类：①燃烧前捕集，重点关注利用先进的重整气技术，将制氢与发电、CCUS 相结合，为能源系统提供更多解决方案，同时关注使用成本更低、更节能的材料以降低成本；②燃烧后捕集，重点关注研发新的溶剂和吸收工艺，以降低成本和提高捕集性能，同时还具有减少再生成本、腐蚀影响、环境影响和产品降解的潜力；③富氧燃烧，开发富氧燃烧低成本分离技术，包括开发离子传输膜和在高温条件下可以传导氧离子的陶瓷材料，可以显著降低空气分离成本。总的来说，捕集技术的发展方向及趋势是设计高性能溶剂，开发环保溶剂工艺；设计吸附材料和集成工艺；设计并开发高性能薄膜和制膜工艺。我国预计在 2030 年左右第一代捕集技术具备产业化能力；在 2035 年前后第二代捕集技术成本和能耗不断降低并实现初步应用；在 2040 年后逐步替代第一代捕集技术并在各行业实现广泛应用。捕集技术发展路径如图 3-39 所示。

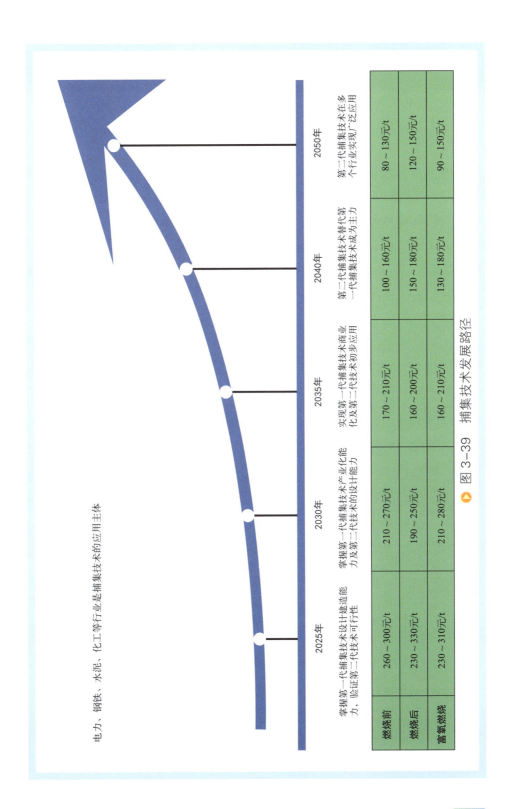

图3-39 捕集技术发展路径

3.4.2 运输技术发展路径

在碳运输领域，目前主要的运输方式是管道运输，其次是船舶运输。未来需重点对现有的油气管道进行评估与改造，提高管道的抗压能力，保障运输安全，发展长距离和增压运输技术。我国预计在 2030 年突破大规模增压运输技术形成规模化运输产业链；在 2035 年后逐步建设多条陆上管道，建成陆上管道运输网络；在 2040 年后掌握海底管道运输技术和海上船舶运输技术，为离岸封存技术提供支撑保障。运输技术发展路径如图 3-40 所示。

3.4.3 利用与封存技术发展路径

在碳利用与封存领域，CO_2 利用的主要途径包括矿物碳化、化学利用和生物利用。大多数碳利用技术都处于早期开发阶段。矿物碳化领域挑战和机遇包括控制碳化反应、进行工艺设计、加速碳化和晶体生长、研究碱性反应物的绿色合成路线、开发分析和表征工具以及构建方法。CO_2 化学转化领域挑战和机遇包括开发持久稳定的催化剂、开发低温电化学转化工艺、提高单位转化率并避免碳酸盐的形成。CO_2 生物转化领域挑战和机遇包括优化生物反应器、开发分析和监测工具、进行基因组规模建模、提高代谢效率、探索副产物的价值化利用。CO_2 封存将推进多物理场和多尺度流体流动以实现碳封存，定位、评估和修复现有和废弃的油井，优化 CO_2 的注入速率。我国预计到 2030 年，部分 CO_2 利用技术在有利条件下实现商业应用；2035 年后大部分化工利用技术逐步实现商业化，地质利用与生物利用技术逐步摆脱外部环境制约，具备一定的经济效应和规模效益，其中有利条件指工程实施所需的资源与原料来源、地质利用的产品进入市场方面的各种非政策条件较好；与此同时封存技术的安全性得到保障，掌握全方位监测及预警技术，多个大规模封存示范项目投入运行。利用技术发展路径如图 3-41 所示。地质封存技术发展路径见图 3-42。

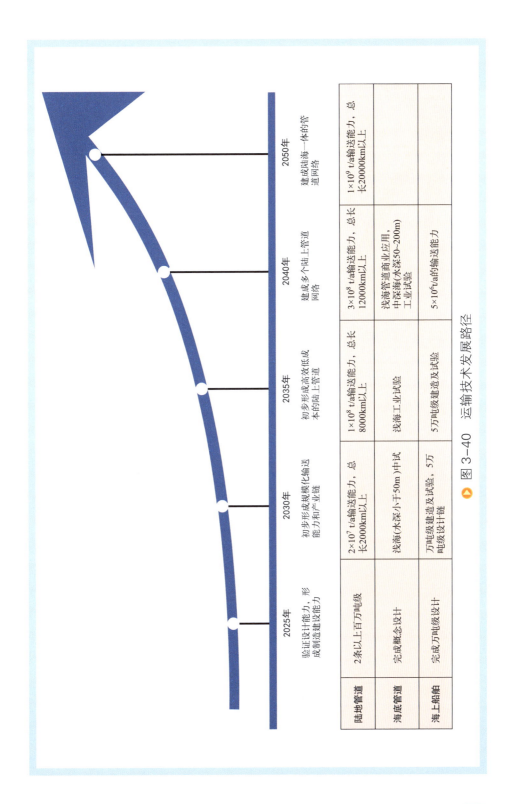

图3-40 运输技术发展路径

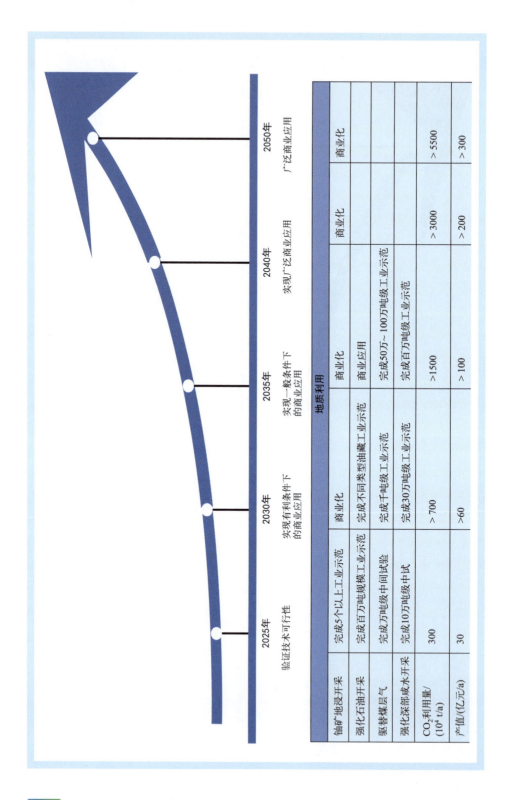

		化工利用				生物利用		
	10万m³/h	集成优化及商业化	商业化	商业化				
能源燃料								
高附加值化学品	$1×10^5$ t/a	$2×10^5$ t/a	集成优化及商业化					
材料	$5×10^4$ t/a	$1×10^5$ t/a	集成优化及商业化					
CO_2利用量/(10^4 t/a)	500	>1000	>2000	>4000	>6000			
产值/(亿元/a)	90	>200	>450	>1000	>1500			
食品、饲料、生物肥料	万吨级示范	技术规模化示范	商业化	商业化	商业化			
化学品、生物燃气肥利用	千吨级中试	万吨级规模化示范	集成优化级商业化	集成优化级商业化				
CO_2利用量/(10^4 t/a)	40	>150	>200	>300	>900			
产值/(亿元/a)	90	>300	>400	>600	>1500			

▶ 图 3-41 利用技术发展路径

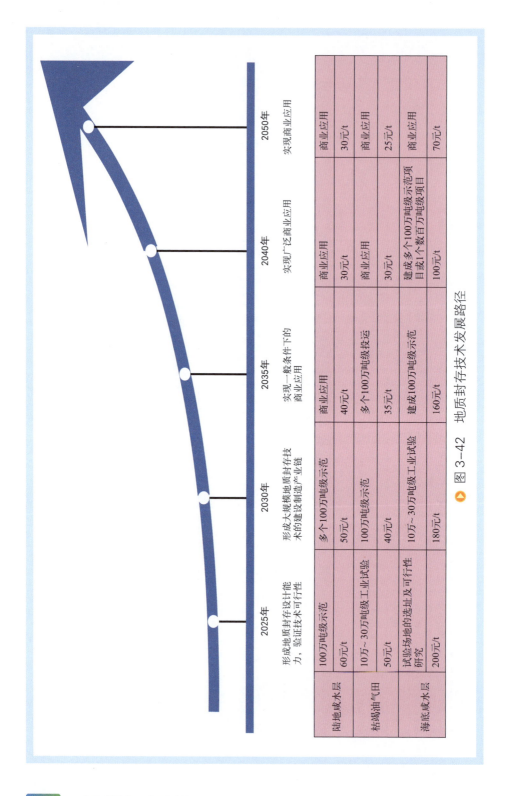

图3-42 地质封存技术发展路径

3.4.4 系统集成化发展路径

系统集成化发展路径是指在跨领域集成化方面，进行跨尺度集成实验、模拟和机器学习，以指导材料和工艺开发；将社会因素纳入决策研究；整合生命周期评价和环境、社会因素，以优化技术组合。CCUS 集群具有基础设施共享、项目系统性强、技术代际关联度高、能量资源交互利用、工业示范与商业应用衔接紧密等优势。未来集群化集成化发展路径将为大规模 CCUS 产业提供新的方向，建立 CCUS 运输枢纽和集群中心，可减轻一体化项目的风险和扩大运输规模。未来系统集成化发展趋势如下：超前部署发展 CCUS 与负排放技术，实现难减排行业深度脱碳/负碳；构建面向碳中和目标的 CCUS 技术体系，超前部署新一代低成本、低能耗 CCUS 技术研发；开展 CCUS 技术大规模全流程示范，推动 CCUS 技术在电厂、水泥、钢铁等行业的商业化应用；加强跨行业、跨领域 CCUS 技术集成，形成系统解决方案，推动 CCUS 产业集群建设；开展直接空气捕集、增强风化等技术的研发及其综合影响评估。系统集成化发展路径如图 3-43 所示。

按照时间节点来说，未来 CCUS 的发展路径如下：

2020—2030 年，第二代碳捕集技术完成示范，CCUS 减排成本大幅降低，CO_2 转化利用形成多种技术路线，开始推广并替代现有技术，CO_2 封存技术形成多个大规模案例和丰富的工程经验，若干前沿性 CCUS 技术取得突破，具备大规模示范条件。

2030—2050 年，CCUS 技术大面积覆盖电力和工业领域，开始在达峰后的快速去碳期发挥重要减排作用，碳捕集-转化一体化、CO_2 光电催化转化、DAC 和 BECCS 等技术完成规模化示范。

2050—2060 年，CCUS 技术全面嵌入能源和工业体系，负排放技术大面积推广，保障碳中和目标平稳实现。

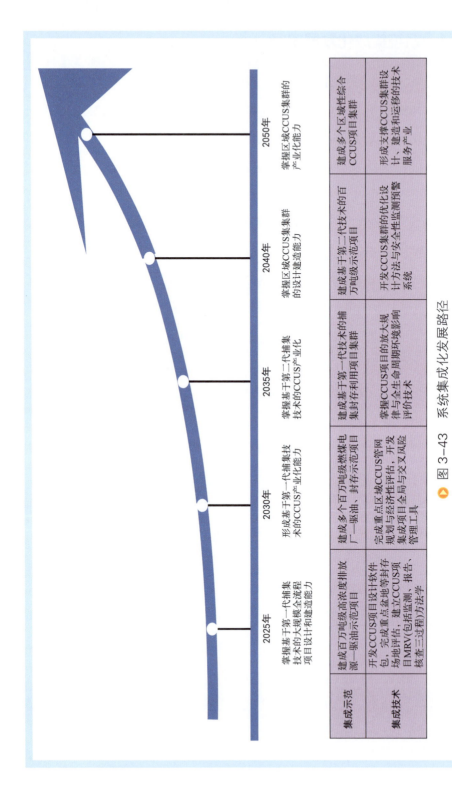

图3-43 系统集成化发展路径

4

应用场景与减排模式

电力和工业行业是中国的能耗和碳排放大户。目前来看,以煤炭为主的能源结构短期内可能不会改变,且工业部门难以完全脱离碳基能源和资源,因此难免会存在一定的 CO_2 排放,而这部分排放的 CO_2 的治理只能依靠 CCUS 技术。目前我国典型行业的 CCUS 技术应用还处于初期发展阶段,CCUS 技术使用与各领域各行业具备一定的协同效应和耦合应用场景,可以进一步促进 CCUS 技术的规模化应用。

4.1 与重点行业耦合减排模式

CCUS 与重点难减排行业耦合减排模式是传统碳排放产业链与碳资源化利用产业链的交叉融合,实现路径是在传统产业链的基础上,进行产业链的延伸或整合,构建新型产业生态和产业模式,协同推进 CCUS 产业的发展。CCUS 与重点行业融合技术见图 4-1。

4.1.1 CCUS 与火电行业

火电行业作为我国碳排放的主要来源,具有巨大的碳减排潜力,CCUS

电力行业	钢铁行业
捕集技术 • 液体吸收法、固体吸附法 化学转化制碳纳米材料 物理利用制干冰 地质利用与封存技术 • CO_2强化采油 • CO_2强化开采甲烷 • CO_2浸采采矿 • 陆上咸水层封存、枯竭油气田封存 • 海底咸水层封存	捕集技术 • 液体吸收法、固体吸附法 地质利用与封存技术 CO_2转化利用技术 • CO_2直接加氢还原转化技术 • CO_2重整甲烷制合成气技术 • CO_2捕集-转化一体化技术 • CO_2矿化利用技术 • CO_2微藻生物利用技术 • CO_2循环回用技术
石化化工行业	水泥行业
捕集技术 • 液体吸收法、固体吸附法、膜分离法、低温精馏深冷分离法、低温甲醇洗 地质利用与封存技术 CO_2化工与生物利用技术 • CO_2光电催化还原技术 • CO_2直接加氢还原技术 • CO_2合成羧酸/羧酸酯类精细化学品技术 • CO_2合成有机碳酸酯类材料化学品 • CO_2微藻生物利用技术	捕集技术 • 液体吸收法、固体吸附法、钙回路法、富氧燃烧法、直接分离法 地质利用与封存技术 CO_2矿化利用技术 CO_2微藻生物利用技术

▶ 图 4-1　CCUS 与重点行业融合技术

技术作为目前唯一能够实现化石能源大规模低碳化利用的减排技术，是实现火电行业化石能源净零排放的重要技术保障。虽然我国未来产业中火电的占比将会减少，但以化石能源为主的能源结构很难在短时间内发生根本性变化，在未来很长一段时期内火电仍将起到主导作用。燃煤电厂大规模部署CCUS技术可大大减少火电行业基础设施建设的搁浅成本，不仅可以充分利用现有的煤电机组，避免其提前"退役"造成浪费，还可以减少一定的额外投资，是我国火电行业实现碳中和的必然选择。

（1）火电行业 CCUS 研究现状

燃煤电厂尾气具有烟气量大、温度高、CO_2 分压低和组分复杂等特点。我国目前主要集中于火电耦合 CCUS 的技术研发、经济性评估和环境影响评价等方面。在 CO_2 捕集方面，基于 IGCC 的燃烧前捕集技术最常用的捕集方式为物理吸收法，该方法在压力较高时具备一定的优势但低温下的有效性较差。燃烧后捕集技术适用于绝大部分的燃煤电厂,其中最广泛且最成熟的技术是化学吸收法,胺基溶剂的捕集效率可达到98%以上,但能耗较高限制其进一步发展。富氧燃烧适用于现有或新建电厂,该方法以氧气代替空气作为氧化剂,无须进一步分离即可得到高纯度的CO_2,进而实现碳捕集,但该技术对空分设备要求较高。与燃煤电厂耦合的CCUS项目通常将捕集后的CO_2用于地质资源、矿产资源的开采和地质封存。CCUS与电力行业耦合减排模式见图4-2。

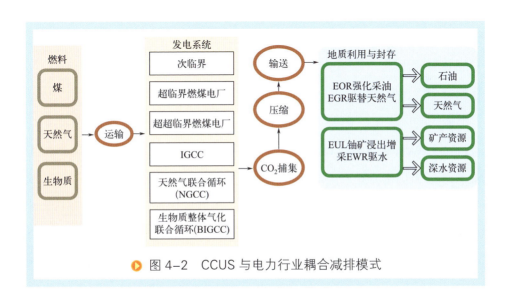

图4-2 CCUS与电力行业耦合减排模式

(2)火电行业CCUS项目布局

在国内,2007年,华能北京高碑店热电厂建成了我国第一个燃煤电厂碳捕集示范项目,年捕集量仅为3000t。2009年,华能上海石洞口热电厂新建的超超临界机组上安装碳捕集装置,年捕集量达12万吨。2010年1月,中国电力集团建设的重庆合川双槐电厂碳捕集工业示范项目正式投入运营,年捕集量为1万吨,捕集率达到95%以上。2015年,依托国家能源煤炭清洁低碳发电技术研发中心的热功率为35MW的富氧燃烧工业示范项目开始点火试验。2019年,广东省碳捕集测试项目在华润电力海丰电厂正式投产，标志着亚洲首个基于超超临界煤电机组的碳捕集技术测试平台正式投运。2020年，国华锦界燃煤电厂CCUS全链条示范项目全面启动，采用先进化学吸收法工艺，集成了级间冷却、分流解吸、蒸汽机械再压缩（MVR）等多种高效节能工艺，捕集装置规模达150万吨每年，每吨CO_2再生热耗为2.4GJ。华能天津IGCC示范项目建成全球首个年捕集量10万吨的燃烧前捕集示范装置，每吨CO_2捕集能耗为1.907GJ。

在国外，加拿大萨省电力边界大坝项目是世界上第一个成功应用于燃煤电厂的碳捕集项目，该项目将150MW燃煤机组排放的CO_2捕集后，一部分封存地下，一部分用于美国Weyburn油田驱油，捕集能力达100万吨每年，其碳捕集和压缩成本为100～120美元/t。Petra Nova是世界上最大的燃煤电厂燃烧后碳捕集装置，99.08%的CO_2被封存，利用管道运输至West Ranch油田进行驱油，油田增产1300%，其碳捕集和压缩成本为60～80美元/t，相比于边界大坝项目成本降低35%左右。日本Osaki CoolGen示范项目从166MW的整体煤气化联合循环（IGCC）发电厂中捕集CO_2，捕集率达到90%。加拿大Shand电站CCS可行性研究发现，建造第二代碳捕集设施的资本成本可以降低67%，碳捕集总成本实现45美元/t，碳捕集率超过90%。典型燃煤电厂CCUS示范项目见表4-1。

4.1.2 CCUS与钢铁行业

钢铁行业是典型的能源资源密集型产业。随着我国钢铁产量的逐年增加，钢铁行业的碳排放量也越来越高，2022年，中国钢铁行业碳排放超过18亿吨。未来钢铁行业应加快脱碳脚步，大力研发和推广应用低碳技术，实现CO_2减排目标。其中CCUS技术作为钢铁行业中末端减碳和过程降碳的低碳技术备受关注。

表4-1 典型燃煤电厂CCUS示范项目

项目名称	地区	项目类型	技术	捕集规模（10^4t/a）	运行年份	运行状态	技术来源	运输方式	CO_2利用
华能绿色煤电IGCC电厂碳捕集项目	中国-天津	工业示范	燃烧前捕集	10	2016	运行中	中国华能集团清洁能源技术研究院	罐车/管道	咸水层封存
连云港清洁煤能源动力系统IGCC电厂CO₂捕集设施	中国-江苏连云港	工业示范	燃烧前捕集	3	2012	运行中	中国科学院能源动力研究中心，即连云港清洁能源创新产业园研发中心	管道	放空
国家能源集团国华锦界电厂15万吨级燃烧后CO₂捕集与封存全流程示范项目	中国-陕西榆林神木	工业示范	燃烧后捕集	15	2019	运行中	浙江大学，国华电力，已与神华集团合并重组为国家能源集团	—	EOR/化工利用
华能上海石洞口第二电厂碳捕获项目	中国-上海	工业示范	燃烧后捕集	12	2009	间歇运行	中国华能集团清洁能源技术研究院	罐车	工业利用与食品
中石化胜利油田EOR项目	中国-山东东营	工业示范	燃烧后捕集	4；10	2010	运行中	中石化胜利油田	罐车	EOR
国电集团天津北塘热电厂CCUS项目	中国-天津	工业示范	燃烧后捕集	2，10	2012	运行中	国电华北电力有限公司，已合并重组为国家能源集团	罐车	食品应用
华润海丰电厂碳捕集测试平台示范项目	中国-广东汕尾海丰	工业示范	燃烧后捕集	2	2019	运行中	广东南方碳捕集与封存产业中心	—	食品级利用+地质封存+EOR

续表

项目名称	地区	项目类型	技术	捕集规模/(10⁴t/a)	运行年份	运行状态	技术来源	运输方式	CO₂利用
中电投重庆双槐电厂碳捕集示范项目	中国-重庆	工业示范	燃烧后捕集	1	2010	运行中	中国电力投资集团公司	—	工业利用：焊接保护气、电厂发电机氢冷置换
华能北京高碑店热电厂碳捕集示范项目	中国-北京	工业示范	燃烧后捕集	0.3	2007	已停运，撤资	中国华能集团清洁能源技术研究院	—	食品应用
华能天然气发电烟气燃烧后捕集实验装置	中国-北京	中试	燃烧后捕集	0.1	2012	已停运，撤资	中国华能集团清洁能源技术研究院	—	—
华能长春热电厂燃烧后捕集项目	中国-吉林长春	中试	燃烧后捕集	0.1	2014	间歇运行	中国华能集团清洁能源技术研究院	—	—
山西清洁碳研究院烟气CO₂捕集及转化碳纳米管示范项目	中国-山西大同	中试	燃烧后捕集	0.1	2020	运行中	山西清洁碳经济产业研究院有限公司	就地转化	化工利用：碳纳米管及其复合材料
华中科技大学热功率为35MW的富氧燃烧示范项目	中国-湖北应城	工业示范	富氧燃烧	10	2014	间歇运行	华中科技大学	罐车	工业利用
大唐集团北京高井燃气热电联产项目	中国-北京	中试	燃烧后捕集	0.2	2012	运行中	大唐集团	—	—

续表

项目名称	地区	项目类型	技术	捕集规模/(10^4t/a)	运行年份	运行状态	技术来源	运输方式	CO_2利用
国家能源集团国电电力大同公司燃煤电厂CO_2化学链矿化利用工程	中国-山西大同	工业示范	化学利用	0.1	2021	运行中	国家能源集团国电电力	—	—
浙能兰溪CO_2捕集与矿化利用集成示范项目	中国-浙江兰溪	工业示范	燃烧后捕集	1.5	2022	建设中	浙江大学	—	矿化养护制加气砌块、CO_2资源化利用技术开发
国家能源集团泰州发电有限公司50万吨碳减排与资源化能源化利用技术研发示范项目	中国-江苏泰州	工业示范	燃烧后捕集	50	2020	建设中	—	—	转化为燃料和化工产品
华能陇东基地$1.5×10^4$t/a先进低能耗碳捕集工程	中国-甘肃庆阳	工业示范	燃烧后捕集	150	2022	建设中	—	—	EOR
边界大坝CCS项目	加拿大-萨斯喀彻温省	工业应用	燃烧后捕集	80~100	2014	运行中	壳牌	管道	EOR
佩特拉诺瓦CCS项目	美国-得克萨斯州	工业应用	燃烧后捕集	140	2017	重启中	—	—	EOR

4 应用场景与减排模式

(1) 钢铁行业 CCUS 研究现状

在我国，钢铁行业尾气属中等浓度碳源，排放点源众多，单厂排放规模和行业排放总量大。钢铁行业尾气主要有焦炉煤气、高炉煤气和转炉煤气，其中焦炉煤气中 CO_2 的含量最高，为 10%～25%。目前，在 CO_2 捕集方面，钢铁行业中主流的 CCUS 技术是对焦炉和高炉尾气的 CO_2 进行捕集，燃烧后捕集技术包括化学吸收法、物理吸附法和膜分离法等。用于分离常规低纯度 CO_2 的化学吸收法（多为有机胺）在火电领域有大量的工程应用，其工程经验具有一定的可借鉴性，是现阶段钢铁行业最具推广价值的碳捕集技术。另外，固体吸附法作为第二代碳捕集技术，具有明显的能耗和成本优势。炉顶煤气循环技术（TGR）作为钢铁行业专属碳捕集技术，既能提高生产效率，降低焦炭消耗，又能进一步分离捕集 CO_2，具有良好的经济和环境效益。

在 CO_2 利用方面，在还原性转化利用技术中，钢铁生产过程有丰富的副产氢资源，因此与各类 CO_2 加氢转化过程的耦合度较好，可以通过 CO_2 加氢技术生产甲醇、一氧化碳、甲酸、烯烃和甲烷；由于合成气冶炼是未来低碳钢铁生产的一种主要途径，CO_2 与烃类重整制备合成气的过程在钢铁行业也具有一定的应用潜力，如 CO_2 甲烷干重整制合成气直接还原炼铁工艺。在非还原性 CO_2 转化利用技术方面，CO_2 工业固废矿化技术有望实现钢渣和 CO_2 的协同处置，因此与钢铁行业有天然的集成优势。在 CO_2 生物利用方面，CO_2 微藻固碳技术对排放源中 CO_2 的浓度和酸性杂质不敏感，在具备工业废水净化能力的同时可联产下游产物，与钢铁行业具有较好的耦合度。

(2) 钢铁行业 CCUS 项目布局

在国内，2015 年，首钢京唐钢铁联合有限公司曹妃甸钢铁厂和东芝、同方环境协商研究在中国钢铁厂应用 CCUS 技术的可能性，包含 CO_2 捕集、运输及强化驱油封存，该研究为中国钢铁行业应用碳捕集提供了一定的参考价值。2016年起，河钢集团依托河钢-昆士兰大学可持续钢铁创新中心开展钢铁工业CCUS技术研究，致力于研究高效、低成本的CO_2捕集技术。此外，河钢集团还与蒂森克虏伯公司在可持续发展合作上达成意向，通过跨行业合作，回收钢铁生产中的主要气体。宝钢重点研究CCU技术，开发了耦合钢厂余热的不同气体分离技术在高炉煤气热值提升与碳捕获的应用，并且围绕高炉煤气的热值提升和CO_2捕获利用，提出了Bao-CCU的技术方案。2020年，宝武集团在八钢搭建了一个具备煤气脱除CO_2、煤气加热、高富氧、炉顶煤气循环等功能的氧气高炉低碳炼铁工业试验平台，并进入工业化试验阶段。2022年6月，包钢200万吨级CCUS一期50万吨示范项目正式开工，这是国内最大、内蒙古自治区和钢铁行业首个CCUS全产业链示范工程。

在国外，欧盟的超低CO_2炼钢项目于2004年开始启动。其中高炉顶部煤气循环是其该项目的一项重点新技术。法国敦刻尔克DMX示范项目每小时可从炼钢高炉尾气中捕集0.5t CO_2，与胺溶剂捕集方法相比能耗降低了35%。韩国浦项项目采用了韩国浦项制铁集团开发的高炉煤气CO_2捕集分离技术，从2006年启动高炉煤气CO_2捕集分离技术研发开始，到2015年已完成试验厂的工艺优化和30万吨每年的商业化设备的设计。阿联酋钢铁公司的Al Reyadah CCUS项目是阿联酋钢铁公司与阿布扎比国家石油公司和马斯达尔公司合作进行的CCUS开发项目，项目于2016年启动，耗资1.22亿美元，该项目采用直接还原铁工艺和电炉炼钢工艺，CO_2捕集能力为80万吨每年。日本的COURSE50项目是日本政府主导的钢铁行业环境友好型炼铁技术开发项目，该项目使用氢还原炼铁法以减排10%，使用化学吸收法或物理吸附法将高炉煤气中的CO_2分离以减排20%，项目已于2017年完成技术开发阶段。典型钢铁行业CCUS示范项目见表4-2。

表4-2 典型钢铁行业CCUS示范项目

企业	项目名称	国家/地区	捕集技术	项目规模	CO_2利用	项目年份
阿联酋钢铁公司和阿布扎比国家石油公司	Al Reyadah CCUS	阿联酋	有机胺吸收法（MEA）	8×10^5t/a	EOR	2016
新日本制铁公司、JFE钢铁公司	COURSE 50	日本	有机胺吸收法/固体吸附法	1×10^7t/a	—	2017
浦项制铁公司	POSCO	韩国	氨吸收法/变压吸附法	标况下1000m³/h	—	2006—2015
安赛乐米塔尔公司和蒂森克虏伯公司等	ULCOS	欧盟	高炉炉顶煤气循环（变压吸附）	—		2007
安赛乐米塔尔公司、敦克尔克工厂	DMXTM	法国	高炉炉顶煤气循环	4000t/a	—	2019
宝钢新疆八一钢铁厂	BAO-CCU	中国	高炉炉顶煤气循环（变压吸附）	—		2021
首钢京唐钢铁曹妃甸钢铁厂	—	中国	有机胺吸收法	5×10^4t/a	EOR	—
河钢乐亭钢铁		中国	—			

（3）钢铁行业CCUS典型耦合减排方案

a. 高炉炉顶煤气循环技术

高炉炉顶煤气循环技术是采用氧气鼓风并将高炉炉顶煤气应用真空变压吸附或化学吸收等技术进行CO_2脱除后返回高炉利用的炼铁工艺。炉顶煤气循环氧气高炉工艺采用常温氧气鼓风取代传统的预热空气鼓风操作，并将经过除尘、脱湿和脱除CO_2后的炉顶煤气从上下双排风口喷入炉内利用，如图4-3所示。与传统高炉相比，氧气高炉工艺取消了热风炉，增加了CO_2脱除单元和循环煤气预热单元。其优点有：可大幅度提高喷煤量，降低焦比；采用煤气循环，大幅度降低高炉炼铁的燃料比；可大幅度提高生产效率；由于采用全氧鼓风，煤气中CO_2浓度大幅度提高，降低了CO_2的分离能耗，为CO_2低成本捕集创造条件。

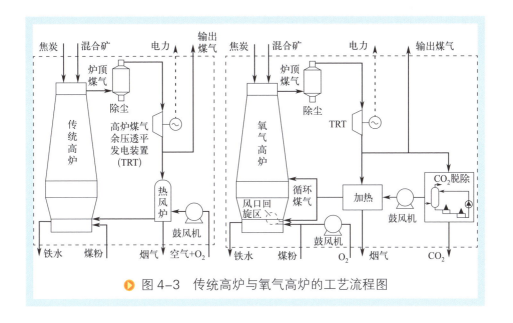

图 4-3 传统高炉与氧气高炉的工艺流程图

b. 钢化联产——炼钢耦合 C1 化工

钢铁行业可通过氢资源与 CO_2 的协同利用实现钢化联产，技术具备一定的成熟度后，还有望与可再生能源技术进一步融合，如采用可再生电力制氢技术产生的绿氢，与捕集后的高纯 CO_2 反应制甲醇，大大提升方案的减排能力；亦可将 CO_2 捕集转化为 CO，与绿氢组成合成气后可进一步制备化工原料或用于还原炼铁。炼钢耦合 CO_2 捕集转化制合成气工艺流程见图 4-4。

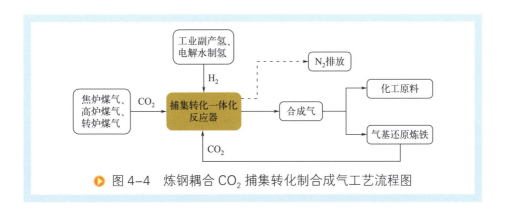

图 4-4 炼钢耦合 CO_2 捕集转化制合成气工艺流程图

4 应用场景与减排模式

4.1.3 CCUS 与水泥行业

2020 年，水泥行业的碳排放量约 13.75 亿吨，占全国碳排放总量的 13% 左右，减排任务艰巨，能采用的脱碳方案有限。CCUS 技术是水泥行业实现碳中和的重要一步。尽管面临着较高的捕集成本，但为了应对未来对低碳水泥产品的预期需求，水泥行业在过去十几年中采取了积极举措，并取得了大量成果。

（1）水泥行业 CCUS 研究现状

在 CO_2 捕集方面，水泥厂烟气具有较高的 CO_2 分压，这有利于 CO_2 的捕获。目前，液体吸收法、固体吸附法、钙循环法以及富氧燃烧法可作为水泥行业的碳捕集技术。水泥窑窑尾烟气适合使用燃烧后捕集方式，但已有的碳捕集技术不能很好地与水泥厂进行结合，因此在水泥行业碳捕集技术目前研究重点为钙循环法，以及水泥生产与碳捕集一体化新技术等。使用钙循环技术可有效降低能耗和成本，对于相同 85% 的捕集效率，使用钙循环法捕集的能量效率几乎是使用胺溶液的两倍。

在 CO_2 化工和生物利用方面，CO_2 矿化利用技术与水泥行业耦合性高。根据矿化对象的不同该技术又可以分为 CO_2 与钢渣、磷石膏等工业固废矿化联产建筑材料技术、CO_2 养护混凝土技术、CO_2 矿化强化再生骨料以及 CO_2 固化混凝土新技术。现阶段，CO_2 养护混凝土技术已经完成了若干万吨级工业示范项目。

（2）水泥行业 CCUS 项目布局

在国内，2012 年，台泥和平厂建设"钙回路碳捕获"实验工厂，这是国内首个钙循环技术示范项目。2016 年，金隅琉水开展窑尾烟气 CO_2 捕集技术研究。该技术通过吸附提纯，将 10% CO_2 浓缩提纯至 40% 以上，替代飞灰预处理过程中的盐酸，每年可减少 CO_2 排放 2000 余吨。海螺水泥于 2018 年 10 月启动年产 5 万吨高品质级 CO_2 的白马山水泥厂水泥窑烟气碳捕集纯化项目，该项目采取的技术路线为燃烧后捕集的化学吸收法。2021 年 12 月，华新水泥建成世界首条水泥窑尾气吸碳制砖生产线，采用水泥窑尾烟气吸碳养护工艺取代传统黏土烧制砖和混凝土灰砂砖工艺，提出了"CO_2 传输 - 碳化养护 - 温度 - 后续水化"协同效应理论，解决了资源消耗、能耗及 CO_2 排放的问题。2022 年 2 月，中国建材集团青州中联水泥有限公司 CO_2 捕集提纯绿色减排示范项目正式开工建设，计划建设一条窑尾年产 20 万吨 CO_2 自富集系统和一条废气处理处置生产线。值得一提的是，尽管水泥行业的 CO_2 排放模式为低成本的 CCUS 应用提供了机会，但我国目前相关的 CCUS 示范性项目依旧较少。CCUS 技术的大规模商业化应用是水泥工业碳中和目标实现的关键，因此未来还需要更多的示范性项目积累经验。

在国外，自 2007 年以来，欧洲水泥研究院一直在进行全富氧燃烧碳捕集的研究，目前已进入第四阶段，在意大利的 Heilderberg 水泥厂和奥地利的 Lafarge Holcim 水泥厂进行中试试验。2015 年，在美国得克萨斯州的圣安东尼奥水泥厂的 CCUS 项目是水泥行业最大的示范项目，该项目采用 SkyMine® 工艺从水泥厂的一个烟气管道中捕获 90% 的 CO_2，捕集量超过 7.5 万吨每年。2015—2018 年，GE 水泥厂的 CEMCAP 项目采用冷氨工艺，利用氨水溶液作为吸收剂在环境压力和低温下从烟气中吸收 CO_2，CO_2 回收率达 90%。2016—2020 年，由欧洲资助的低排放强度石灰和水泥项目研究了直接捕集石灰和水泥工艺过程排放的 CO_2。该项目采用由特殊的钢管制成的直接分离反应器作为大型煅烧炉，将石灰石煅烧产生的过程排放与燃料燃烧产生的直接排放分离。除此之外，海德堡水泥集团在德国部署了富氧燃烧技术示范项目 Catch4climate，将纯氧引入水泥窑以捕集近 100% 的排放 CO_2，并用于合成碳中性燃料。2020 年，海德堡水泥集团的挪威子公司 Norcem 和工程公司 Aker Solutions 签署了一份协议，为挪威 Norcem Brevik 水泥厂提供 CO_2 捕集、液化和中间储存设施。Norcem 计划成为世界上第一个具有工业化规模碳捕集设施的水泥生产厂，也是全球水泥行业第一条全流程 CCS 项目。2021 年，Lafarge Holcim 公司 CO_2MENT 项目进行了每天 1t CO_2 捕集的工业试验，它是世界上第一个使用 MOFs 材料进行碳捕集的工业碳捕集示范项目。典型水泥行业 CCUS 示范项目见表 4-3。

表4-3 典型水泥行业CCUS示范项目

企业	项目/工艺技术名称	国家/地区	捕集技术	规模	CO_2利用	投运年份
海螺水泥	白马山水泥厂水泥窑烟气CO_2捕集纯化项目	中国	有机胺化学吸收法	5×10^4 t/a	食品添加剂和工业原料	2018
华新水泥	水泥窑烟气CO_2吸碳制砖自动化生产	中国	烟气直接利用	2.6×10^4 t/a	矿化养护混凝土	2021
台湾水泥、台湾工研院	和平水泥厂钙循环CO_2捕获示范项目	中国	钙循环法	5000t/a	微藻生物利用	2012
金隅琉水	窑尾烟气CO_2捕捉及工程化应用	中国	变压吸附	2000t/a	用作酸液处置飞灰水洗液	2016
圣安东尼奥水泥厂	SkyMine®工艺	美国	NaOH化学吸收法	7.5×10^4 t/a	生产小苏打/漂白剂等化工产品	2015
中国建材集团中联水泥	中联水泥年产20万吨CO_2捕集提纯绿色减排示范项目	中国	—	2×10^5 t/a	食品添加剂、干冰和工业原料	建设中
海德堡水泥集团、Norcem Brevik水泥厂	Longship项目	挪威	胺化学吸收法	4×10^5 t/a	地质封存	建设中
Lafarge Holcim	CO_2MENT 项目	美国/加拿大	固体吸附法（MOFs材料）	1t/d	—	2021
GE水泥厂	CEMCAP项目	欧洲	液体吸收法（氨水）	1t/d	—	2015
海德堡水泥厂	LEILAC 1示范项目	比利时	直接捕获	2.5×10^4 t/a	—	2017
	LEILAC 2示范项目	比利时	直接捕获	1×10^5 t/a	—	建设中
欧洲水泥研究院（ECRA）	—	欧洲	富氧燃烧/低温精馏	—	—	2007

总之，水泥行业已有的 CCUS 项目规模普遍较小，捕集技术以传统的化学吸收法和固体吸附法为主，钙循环技术完成了商业示范，富氧燃烧碳捕集技术则开展了中试研究。就碳捕获技术而言，水泥工业推荐采用化学吸收法、钙循环法和富氧燃烧碳捕集法，因为化学吸收法技术水平较高，已有规模化应用案例，钙循环法和富氧燃烧与水泥行业有较高的匹配度，可以通过与原有系统进行耦合优化，从而降低捕集能耗。

（3）水泥行业 CCUS 典型耦合减排方案

a. 钙循环法/钙回路法

钙循环法/钙回路法工艺指在相互连接的碳化炉和煅烧炉中进行可逆碳化反应：在碳化炉中，CaO 在 600～700℃与含有 CO_2 的烟气反应，形成的 $CaCO_3$ 被送到煅烧炉中，在 890～930℃被分解成 CaO 和 CO_2，CaO 循环回碳化炉（也可用作水泥生料），CO_2 在出口经过压缩和净化装置后得到纯度大于 95% 的 CO_2。此外煅烧炉中采用纯氧燃料进行燃烧更有利于得到高纯度的 CO_2。该工艺流程图见图 4-5。

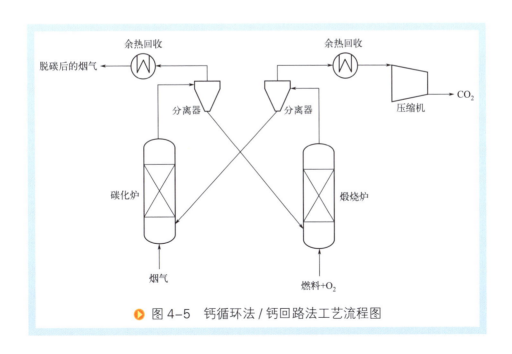

图 4-5　钙循环法/钙回路法工艺流程图

b. 富氧燃烧

在富氧燃烧系统内，燃料在富氧介质下燃烧，这将增加烟道气中 CO_2 浓度并减少了然燃烧后捕集的分离成本。富氧燃烧系统中的关键元件是空气分离装置，简称空分装置，以输送所需的氧化剂。当前富氧燃烧系统中的主要问题是氧气生产的辅助电力支出。富氧燃烧技术在水泥脱碳领域主要有以下两种应用场景，一是部分氧燃烧系统，其中只有分解炉在纯氧条件下运行，回转窑在空气中正常运行；二是全氧燃烧系统，即分解炉和回转窑均在纯氧条件下运行。富氧燃烧应用于水泥厂如图 4-6 所示。

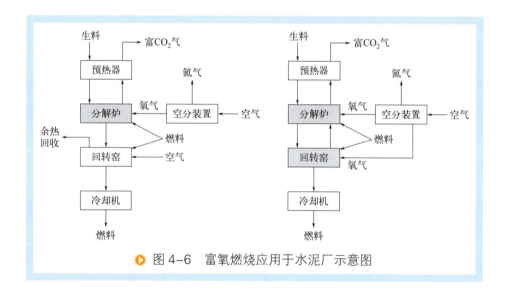

▶ 图 4-6　富氧燃烧应用于水泥厂示意图

c. 水泥生产与碳捕集一体化新技术

水泥厂排放的 CO_2 中 60% 以上来自碳酸钙分解，针对这部分碳排放开发了水泥生产与碳捕集一体化新技术（图 4-7），通过将碳酸钙分解过程与预分解炉中的燃烧工艺分离，实现碳捕集工艺与熟料制造工艺的结合。在燃烧器的流化床中进行燃料燃烧的同时，在另一个分解炉的流化床中进行碳酸钙分解，从而可以将燃烧气体与碳酸盐分解产生的 CO_2 完全分离。该技术基于从熟料颗粒到生料颗粒的对流热交换原理：熟料被单独加热后进入燃烧器，然后循环至分解炉，与生料混合，分解炉中产生的 CO_2 几乎完全来自碳酸盐的分解，因此纯度很高。此外，由于分解炉产生的 CO_2 气流温度很高（约为 900℃），如进一步用于发电，可使水泥厂实现电力的自给自足（每吨熟料发电潜力约为 140kWh），从而明显降低 CO_2 的捕集成本。

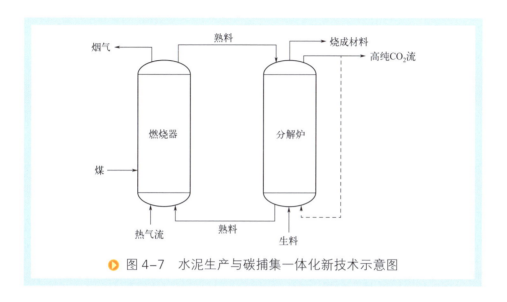

图 4-7 水泥生产与碳捕集一体化新技术示意图

4.1.4 CCUS 与石化化工行业

"双碳"目标下，我国资源能源环境和碳排放约束日益收紧，石化行业碳减排任务十分艰巨。2021 年，石化化工行业能源消耗总量约为 $1.95×10^8$ tec，CO_2 排放总量约为 4.45 亿吨，占我国当年 CO_2 排放总量的 4% 左右。具体来看，生产过程中，燃料燃烧及电力和热力供应是石化生产中碳排放量最大的环节，占比高达 66.1%，其次是占比为 33.9% 的工业生产过程。

（1）石化化工行业 CCUS 研究现状

石化化工行业由于部分化工过程 CO_2 排放浓度高，捕集成本相对较低，国内外针对化工行业的 CCUS 项目开展相对集中且项目规模普遍大于其余行业。国际石油公司将 CCUS 作为油气行业的战略发展方向，已经在北美地区开展多个百万吨级的 CCUS 项目，其捕集源主要来自各类化工厂的制氢装置。国内中石油、中石化、延长石油等国企依托产业链优势，较早开展了 10 万吨级的 CCUS 全流程工业示范，中石化齐鲁石化 - 胜利油田 CCUS 示范项目成为我国首个百万吨级 CCUS 示范项目。

（2）石化化工行业 CCUS 项目布局

在国内，2010 年，新奥集团在内蒙古鄂尔多斯达拉特旗启动了微藻固碳生物能源产业化示范，利用 60 万吨煤制甲醇项目的 CO_2，经过含盐浓排水、余热以及周边的沙荒地养殖微藻，该项目主要技术指标达到国际先进水平。2010 年底，神华集团在内蒙古鄂尔多斯地区成功建设注入规模 1×10^5 t/a 的全流程 CCS 示范工程。项目采用甲醇吸收法捕集煤气化制氢项目尾气中的 CO_2，是国内第一个盐水层地质封存实验项目，已完成 30 万吨注入总目标，目前已停止注入。2012 年，陕西延长石油榆林煤化有限公司建成了 5×10^4 t/a 的 CO_2 捕集利用项目，该项目 CO_2 捕集能耗 1.36GJ/t，捕集成本仅为 105 元 /t，目前为国内最低成本。2013 年至 2019 年 7 月，中石油克拉玛依石化公司 - 新疆油田 CCUS 项目共注入 13.95 万吨 CO_2，封存率达到 60% 以上，但是捕集成本过高，达到 600～800 元 /t。2015 年，中石化中原油田炼厂尾气 CCUS 项目建成，项目通过 CO_2 驱油将已经接近废弃的油田采出率提高了 15%，目前已有百万吨 CO_2 注入地下。2022 年 1 月 29 日，我国首个百万吨级 CCUS 项目齐鲁石化 - 胜利油田 CCUS 项目全面建成。该项目由齐鲁石化 CO_2 捕集和胜利油田 CO_2 驱油与封存两部分组成，实现了 CO_2 捕集、驱油与封存一体化应用。

在国外，2008 年，日本成立了 CCS 调查株式会社，并将最初的验证试验地点选在了北海道苫小牧市，即苫小牧 CCS 示范项目。该项目的 CO_2 来自毗邻北海道炼油厂的制氢装置产生的废气，捕集到的 CO_2 经过压缩注入海底地层。该项目从 2016 年开始注入 CO_2，并于 2019 年停止注入，CO_2 年总注入量达 30 万吨。2013 年，美国空气化工产品在甲烷蒸汽重整设备上分离天然气中的 CO_2，捕集量达到 $1×10^6$t/a。该项目采用了真空摆动吸附气体分离技术，捕集后的 CO_2 通过管道进行驱油封存。由壳牌牵头，雪佛龙加拿大公司和 Marathon 加拿大公司参与其中的 Quest 碳捕集与封存项目于 2015 年 11 月开始运行。截至 2020 年 7 月，Quest 项目实现了第 500 万吨 CO_2 封存的里程碑。Quest 是世界上第一个油砂碳捕集与封存项目，也是壳牌的第一个商业化 CCS 项目。该项目是从油砂精炼装置（制氢设施）进行碳捕集，并把 CO_2 注入砂岩构造进行封存，也是为数不多的实现了成本比原来预计低的 CCUS 项目，实际成本比预计低了 35%。

典型石化化工行业 CCUS 示范项目见表 4-4。

表4-4 典型石化化工行业CCUS示范项目

企业	项目名称	国家	捕集技术	规模/$(10^4$t/a)	排放源	CO_2去向	投运年份
壳牌、雪佛龙	Quest碳捕集与封存项目	加拿大	工业分离	100	油砂精炼装置（制氢设施）	封存	2015
美国空气化工	Air Products Steam Methane Reformer	美国	低温精馏	100	炼油厂制氢装置	EOR	2013
沃巴什谷资源公司	Wabash CO_2封存项目	美国	低温精馏	150～175	化肥厂制氢装置	封存	2022
CCS调查株式会社	苫小牧CCS示范项目	日本	胺化学吸收法	10	炼油厂制氢装置	封存	2016
中石化	齐鲁石化-胜利油田CCUS项目	中国	低温甲醇洗	100	煤制氢装置	EOR	2022
中石油	新疆油田CO_2-EOR项目	中国	低温精馏	10	天然气制氢	EOR	2015
国家能源集团	神华鄂尔多斯 $10×10^5$t/a CO_2捕集与封存项目	中国	低温甲醇洗	10	煤制氢装置	封存	2010
延长石油	榆林煤化CCUS项目	中国	低温甲醇洗	5	煤化工	EOR	2012

续表

企业	项目名称	国家	捕集技术	规模/(10^4t/a)	排放源	CO_2去向	投运年份
中石化	中原油田CCUS项目	中国	工业分离	12	炼厂尾气	EOR	2015
新奥集团	微藻生物固碳示范项目	中国	低温甲醇洗	2	煤制甲醇	生物利用	2010

石化化工行业已开展的 CCUS 项目大多由油气开发公司如壳牌、雪佛龙、中石油和中石化等开展，这是由于石油公司可以通过 CO_2 强化石油采收率兼顾温室气体减排效益和驱油经济效益，且石油公司对 CCUS 过程中的地质评价、捕集、输送、利用和封存等具有特有优势，更容易发展 CCUS 业务。就碳捕集技术而言，化工行业大多采用低温精馏和低温甲醇洗等工业气体净化和分离工艺，对于传统的液体吸收法和固体吸附法反而应用较少。现有的碳捕集项目集中在各化工厂的制氢设施，主要原因是在这些化工过程（比如合成氨、煤制合成气、化石能源制氢）中，CO_2 的捕集浓度较高，技术成熟且成本更低。就 CO_2 最终处理方式而言，项目大都采用 CO_2 驱油或直接进行地质封存的方式，CO_2 化学和生物利用项目较为缺失，且规模远小于 CO_2 地质利用和封存。

（3）石化化工行业 CCUS 典型耦合减排方案

a. 低温甲醇洗工艺

低温甲醇洗工艺是基于物理吸收法的一种酸性气体净化工艺，该工艺利用冷甲醇溶液在低温下对酸性气体溶解度极大的特点，分段选择性地脱除原料气中的 H_2S、CO_2 等酸性组分。甲醇富液则会在经过减压之后在中压闪蒸塔闪蒸出溶解的 H_2S、CO_2 等气体，在经过压缩后对其中存在的有效成分进行回收。而从中压闪蒸塔下方所流出的溶液则会进一步送入到解吸塔当中，并在该装置中对其中溶解的 CO_2 气体进行蒸出，并在塔顶形成 CO_2 产品气。若想要获得更高纯度的 CO_2，后续可以通过精馏以及变压吸附等方式进行提纯处理。低温甲醇洗与 CO_2 捕集耦合流程见图 4-8。

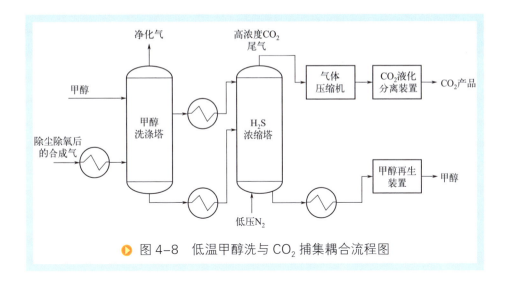

图 4-8　低温甲醇洗与 CO_2 捕集耦合流程图

b. CO_2 甲烷干重整制合成气技术

将化工过程产生的 CO_2 进行捕集，与焦炉气、弛放气中的天然气在干重整反应器中进行转化，最终得到的合成气是化工领域重要的平台原料，可以进一步用于甲醇合成、费托合成、羰基合成生产高附加值化学品等，甲烷干重整被认为是化工行业一条极具吸引力的 CO_2 大规模利用途径。石化化工行业中由 CO_2 制得合成气和甲醇平台后的下游产品见图 4-9。

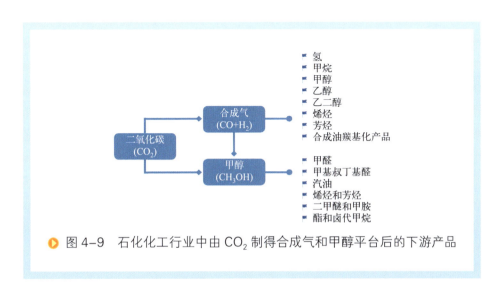

图 4-9　石化化工行业中由 CO_2 制得合成气和甲醇平台后的下游产品

c. CO_2/H_2O 共电解制备合成气技术

耦合可再生电能的固体氧化物（SOEC）电解池共电解技术既能实现电能的高效存储利用，又能捕集、利用 CO_2，受到了国内外学者的普遍关注。基于 SOEC 的高温共电解技术将 CO_2 和 H_2O 作为电解原料，在高温下进行电解，加快了电解反应速率，提高了 SOEC 的运行效率。在电解过程中 CO_2 和水蒸气转变为合成气（$CO+H_2$），可进一步作为原料气体催化合成燃料油和其他化工产品，缓解液体燃料的需求压力。SOEC 共电解原理如图 4-10 所示。

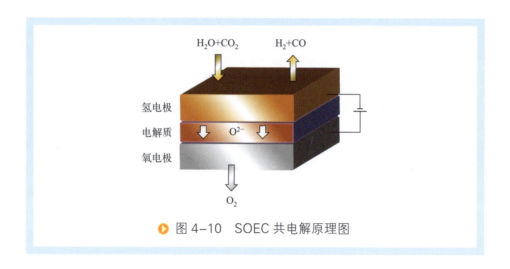

图 4-10　SOEC 共电解原理图

4.2　与新能源耦合利用模式

4.2.1　CCUS 与可再生能源

可再生能源包括太阳能、风能、地热能等，可通过发电、供热、供冷等途径替代传统能源。CCUS 技术与可再生能源耦合利用能够有效平抑可再生能源的波动性，是延伸清洁固碳产业链的有效方式，具体耦合方式取决于 CCUS 全流程产业链和可再生资源的类型。

CCUS 与太阳能、风能、地热能等可再生能源的耦合模式包括以下几种：一是采用可再生能源为 CCUS 工艺过程提供热能，主要包括光-热直接转换利用和地热能中低温供热；二是采用可再生能源为 CCUS 工艺工程提供电力或动力，主要包括光伏、功电、热电和化学势电能转换；三是采用可再生能源为 CCUS 工艺过程提供冷能（图 4-11）。

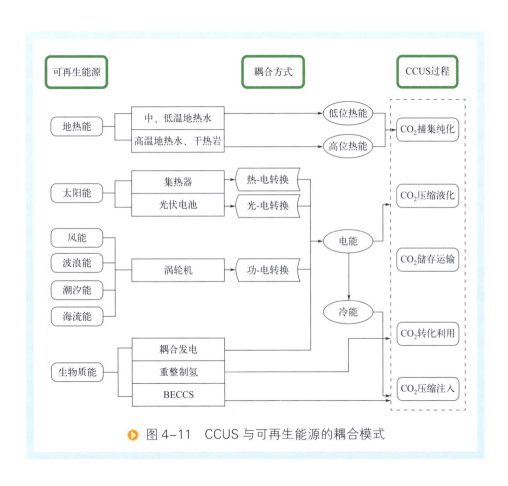

图 4-11　CCUS 与可再生能源的耦合模式

生物质是来源清洁的可再生资源且我国生物质资源丰富，目前生物质转化利用已成为一种新兴的产业。CCUS 技术与生物质能的耦合方式有以下几种：一是通过生物质耦合发电与捕集技术耦合实现净零排放；

二是 BECCS 技术，将碳捕集与封存技术与从生物质中生产能源的生物能源设施相结合实现生物质从原料产生到利用全过程的负碳排放；三是生物质重整制氢与碳捕集耦合可以在温和条件下制备可再生氢气。当前，克罗地亚在生物乙醇生产过程中部署了 bio-CCUS 项目，利用生物原料每年捕集 6 万吨 CO_2、每年捕集利用烟气中的 CO_2 32 万吨。美国 ILLINOIS 示范项目在生物燃料乙醇生产过程中，将副产品 CO_2 捕集、压缩脱水并注入深层砂岩封存。

4.2.2　CCUS 与氢能

CCUS 技术可促进从天然气或煤中生产清洁氢气，并为低碳氢气在短期内以最低成本进入新市场提供机会。配备 CCUS 技术的制氢成本大约为可再生能源电解制氢成本的一半，尽管电解制氢成本将持续降低，CCUS 低碳制氢仍具有一定的竞争力。如日本首个全链苫小牧 CCS 示范项目，利用活性胺捕集并封存沿海炼油厂制氢装置尾气中的 CO_2；全球油砂行业第一个 CCS 项目——Quest 项目，将合成原油制氢过程中产生的 CO_2 成功注入咸水层封存，年捕集能力达 100 万吨，是全球最大碳捕集并成功将 CO_2 注入地下的项目。

在充分发挥可再生能源优势及绿氢充足的条件下，CO_2 催化加氢合成化工产品（如甲醇、甲酸等）是 CCUS 的重要发展方向，可为低碳清洁能源提供新的思路，也可为大规模的氢气利用提供支撑。甲醇等下游产品可以作为绿色液体燃料或者工业原料生产高附加值化学品。化石能源制氢和工业副产氢与 CCUS 技术耦合，一方面可通过捕集技术有效减少碳排放，另一方面可将捕集后的 CO_2 与制得的 H_2 通过化学合成等技术得到具有高附加值的有机化学品从而产生收益。CCUS 与氢能的耦合模式见图 4-12。

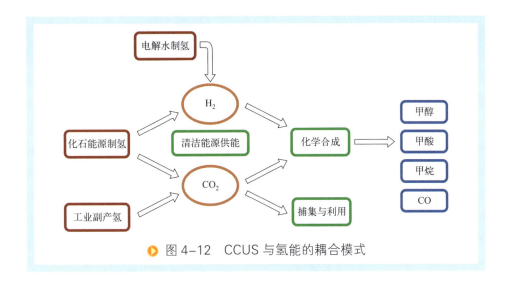

图 4-12 CCUS 与氢能的耦合模式

4.3 CCUS典型项目案例

（1）佩特拉诺瓦 CCS 项目

位于美国得克萨斯州休斯敦附近的佩特拉诺瓦项目是世界上最大的燃烧后 CO_2 捕获项目之一，该项目计划从 WA Parish 电厂的 8 号机组每年捕集 140 万吨 CO_2，通过管道运输至 West Ranch 油田，用于驱油、提高原油产量，最终原油产量从 300～500 桶/d 大幅提升至 15000 桶/d。该项目 2014 年 9 月正式开工建设，2016 年 12 月 29 日正式启动开始运行。该项目建设内容主要包括新建 CCS 装置，新建 7.8×10^4kW 的天然气机组以满足碳捕集过程的能源需求，建设一条长 130km 和直径 30.48cm 的 CO_2 输送管道以及建设油田相关的基础设施。佩特拉诺瓦项目的碳捕获系统旨在捕获排放烟气中的约 90% 的 CO_2，约占 8 号机组总排放量的 33%。该项目使用了由三菱重工（MHI）和关西电力公司（KEPCO）联合开发的 KM-CDR CO_2 回收技术。该技术使用一种名为 KS-1 的专有胺溶剂，专门用于低成本和低能耗的 CO_2 吸收和解吸。该工艺首先将烟气冷却至工艺所需的温度,随后将其送入 CO_2 吸收器的底部,烟气向上通过 CO_2 吸收器内的填料。KS-1 溶剂从填料顶部供应,可实现 90% 的 CO_2 回收,富 CO_2 溶液被泵送到再生器,最后纯度高达 99.9% 的 CO_2 从再生塔顶部排出。CO_2 捕获工艺流程见图 4-13。

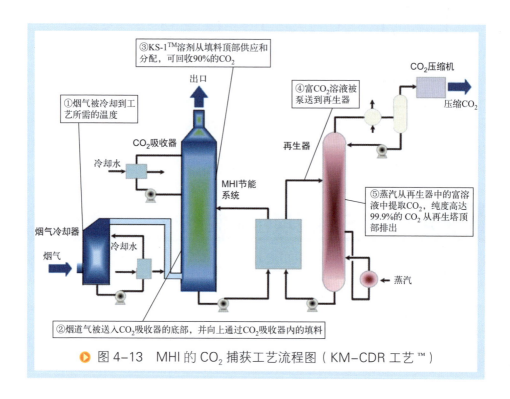

图 4-13　MHI 的 CO_2 捕获工艺流程图(KM-CDR 工艺™)

Petra Nova Parish 控股公司是 NRG 能源和 JX Nippon 石油天然气勘探公司的合资企业,佩特拉诺瓦项目曾获得美国能源部提供的 1.9 亿美元资助。然而,由于 2020 年 5 月油价暴跌,该项目在运行不足四年后被迫暂停运营。在停工之前,该项目未能达到其设定的目标。在前三年内,该项目仅成功捕集了 380 万吨 CO_2,略低于其初步预期的 460 万吨。在停工期间,项目团队进行了重大的设施改造和现代化升级,计划于 2023 年 9 月再度启动,要通过此次重启展示新兴技术在大规模应用中的可行性。该项目信息见表 4-5。

表4-5　佩特拉诺瓦项目信息

地点	美国，得克萨斯州
运营日期	2016年
规模	1.4×10^6t/a，250MW
应用领域	燃煤电厂
技术信息	MHI KS-1胺溶液燃烧后捕集技术
CO_2利用途径	用于West Ranch油田强化石油开采
运输	132km管道输送超临界CO_2
项目资本成本	10亿美元

（2）边界大坝CCS项目

2012年9月，加拿大政府颁布实施了《燃煤发电二氧化碳减排条例》，其中规定自2015年7月起，所有新建和已达到设计寿命的燃煤电厂，CO_2排放强度必须降至与天然气发电相当，即CO_2排放低于420g/kWh。在这一背景下，2011年4月，加拿大萨斯喀彻温省的边界大坝CCS工程正式开工建设。2014年6月，边界大坝3号机组改造完成，开始发电。2014年10月，边界大坝CCS项目正式建成并投入运营，开始捕集CO_2，截至目前已累计捕集达415万吨。这是世界上第一个完全集成的燃煤发电厂CCUS设施，也是世界范围内首批商业化规模的CCS示范项目之一。该设施计划的捕集规模为1×10^6t/a，包括CO_2的捕获、压缩和运输单元。该项目每年可以捕集约100万吨CO_2，占该机组CO_2排放总量的90%。捕集所得的CO_2经脱水后纯度达到99%，经过功率为1.45×10^4kW的压缩机压缩至17MPa的超临界状态。超临界的CO_2再通过管道被送往两个地方：一是约70km外的Weyburn油田，将CO_2注入1700m深的油井用于强化采油（EOR）；二是附近2km远的Aquistore碳封存研究基地，将CO_2注入3400m深的咸水层进行永久地质封存。

该项目主要是对边界大坝电厂的3号燃煤机组进行加装CO_2捕集设备的改造工程，3号燃煤机组的发电能力为139MW，改造后可生产清洁电力110MW。改造工程由加拿大工程和建筑巨头SNC Lavalin公司进行设计、设备采购和建设，由日立公司提供先进的蒸汽涡轮机。该项目使用壳牌公司的技术，其特别之处在于前端SO_2也采用相同的吸收工艺，因此该技术被称为SO_2-CO_2联合捕集工艺。SO_2吸收段之前设置有烟气间接换热和直接接触降温环节。SO_2吸收塔采用陶瓷鳞片和碳砖防腐的水泥填料塔，长11m，宽5.5m，高31m，捕集所得的SO_2被送至化学车间制备硫酸，可作为副产品。CO_2吸收塔也采用陶瓷鳞片防腐的水泥填料塔，长11m，宽11m，高54m。CO_2解吸塔则采用304不锈钢填料塔，直径8m，高43m。如图4-14所示为壳牌CANSOLV™ CO_2捕获工艺流程图。原料气在循环水预洗涤器中骤冷并饱和，气体在逆流传质填充吸收柱中与贫胺溶液接触，CO_2被吸收，经处理的气体排出到大气中；在吸收塔的中部，从塔中取出部分吸附后的胺溶液，冷却并通过传质填料层重新引入；泵送来自吸收塔的富含CO_2的胺溶液通过贫富液交换器，然后至再生柱；塔中上升的低压饱和蒸汽再生贫胺溶液；CO_2作为纯的、饱和的产物被回收；贫胺溶液从汽提塔再沸器泵送到吸收塔，用于回收CO_2。

边界大坝CCS项目信息见表4-6。

表4-6　边界大坝CCS项目信息

地点	加拿大，萨斯喀彻温省
运营时间	2014年
规模	1×10^6t/a，110MW
应用领域	燃煤电厂
技术信息	壳牌CANSOLV™胺溶剂燃烧后捕集技术
CO_2利用途径	用于Weyburn油田强化石油开采
运输	66km管道输送超临界CO_2
项目资本成本	13亿～15亿美元（8亿美元用于CCUS）

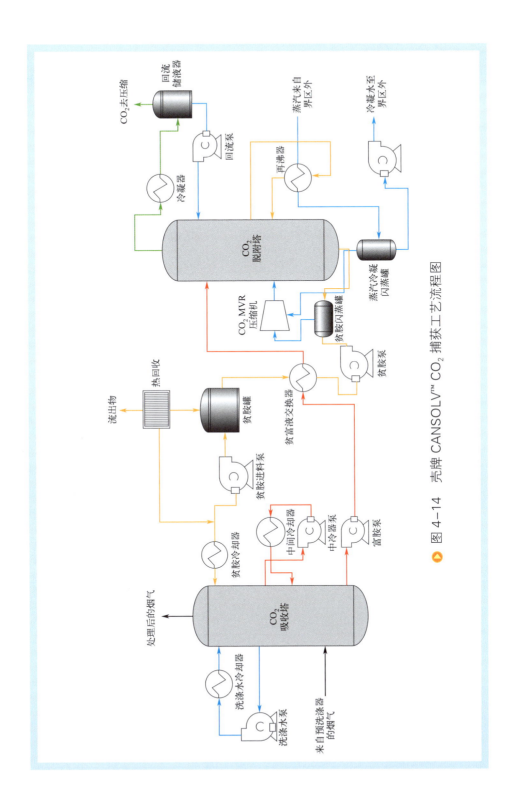

图 4-14 壳牌 CANSOLV™ CO_2 捕获工艺流程图

（3）Quest CCS 项目

位于加拿大艾伯塔省的 Quest CCS 项目旨在通过将氢气混合到原油中来升级油砂生产，这是世界上第一个油砂碳捕集与封存项目，也是壳牌的第一个商业化 CCS 项目，该项目信息见表 4-7。项目由壳牌牵头，雪佛龙加拿大公司和 Marathon 加拿大公司参与其中，于 2015 年 11 月开始运行，每年能够捕获大约 100 万吨的 CO_2。捕获的 CO_2 通过管道输送到储存地点进行专门的地质储存。将 CO_2 捕集设施改造为 Scotford Upgrader 工厂现有的三个蒸汽甲烷重整器 SMR，并把 CO_2 注入地底 2000m 的砂岩构造进行封存，项目预计可直接减少 Scotford 沥青精炼厂 35% 的 CO_2 排放。Quest 项目是为数不多的按时完工且实现了实际成本比预计成本低的 CCUS 项目，实际成本比预计低了 35%。截至 2020 年 7 月，Quest 项目实现了第 500 万吨 CO_2 封存的目标。2021 年 4 月，Quest 宣布已捕获并储存了超过 600 万吨的 CO_2。但由于该项目产生的其他污染未被捕获，因此实际减小的排放量较低。该项目使用资本金补贴加碳市场减排额资助方式开展，取得加拿大政府和阿尔伯塔省政府共计 8.65 亿加元的资金支持，主要用于项目资本投资。同时，项目采用了创新的方式得到加拿大阿尔伯塔碳市场的支持，即每吨 CO_2 减排量，能够取得 2t 的碳减排额，企业可以使用碳减排额进行履约。

表4-7　Quest CCS项目信息

地点	加拿大，阿尔伯塔省
运营时间	2015年
规模	1.1×10^6 t/a
应用领域	炼油厂
技术信息	胺溶液燃烧前捕集技术
CO_2利用途径	陆上咸水层封存
运输	65km管道输送超临界CO_2
项目资本成本	13.5亿元

（4）Tomakomai CCS 示范项目

Tomakomai CCS 示范项目位于日本北海道苫小牧，是由日本 CCS 调查株式会社牵头的一项开拓性举措。Tomakomai CCS 示范项目是日本首个全链 CCS 项目，该项目旨在证明 CCUS 技术在工业减排方面的可行性，项目信息见表 4-8。CO_2 来自毗邻北海道炼油厂的制氢装置，其产生的废气含有约 50% 的 CO_2。废气经过输气管道被输送到验证中心，在分离回收装置中与胺液接触发生反应，通过减压、加热等手段回收纯度在 99% 以上的 CO_2。其中的一部分 CO_2 经过压缩，加压到 9.30MPa（约 92 个大气压）后，压入海底 1000～1200m 的地层内，其余的 CO_2 进一步加压到 22.8MPa（约 225 个大气压）后，压入海底 2400～3000m 的更深的地层内。在 2012～2015 年，该项目开展了捕获设施的设计、施工、试运行、示范所需监控系统的设计和安装等准备工作，从 2016 年开始注入 CO_2，并于 2019 年停止注入，CO_2 年总注入量达 30 万吨，目前正处于注入后的监测阶段。

表4-8　Tomakomai CCS项目信息

地点	日本，北海道，苫小牧
运营时间	2016—2019（监测中）
规模	0.1×10^6 t/a
应用领域	炼油厂的制氢装置
技术信息	巴斯夫OASE®
CO_2利用途径	海底咸水层封存
运输	0.2km管道

Tomakomai 项目中使用的 CO_2 捕获工艺为经过商业验证的胺洗涤工艺（巴斯夫 OASE®），并且捕获设施包括两级 CO_2 吸收塔、CO_2 汽提塔和低压闪蒸塔，如图 4-15 所示。两级吸收系统显著降低了 CO_2 剥离塔中的胺再沸器热消耗，因为只有少量的半贫胺需要被送到 CO_2 汽提解吸塔。再沸器每吨 CO_2 的热耗约为 0.9GJ 或更低，其能耗明显低于传统的单级吸收系统，最终捕获的 CO_2 的纯度在低压闪蒸塔顶部大于 99%（干基）。

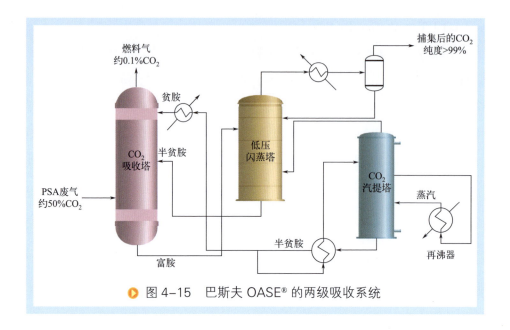

图 4-15 巴斯夫 OASE® 的两级吸收系统

（5）北极光项目

挪威国家石油公司、壳牌和道达尔一起启动了第一个大规模的 CO_2 运输和储存项目——北极光项目，项目信息见表 4-9，项目概况见图 4-16，这是挪威政府全面碳捕获和储存项目 Longship 的关键组成部分。该项目旨在在北海建立一个 CO_2 运输和储存基础设施，计划从挪威和其他欧洲国家的工业设施中捕获 CO_2。当液化 CO_2 从工业捕集点运送到位于挪威西海岸的陆上接收终端时，液化 CO_2 将从船上转移到中间储罐。随后液化 CO_2 将通过管道输送到离岸 100km 处，注入并安全永久地储存在北海下方 2.6km 的咸水层中。其中挪威北极光公司与大连船舶海洋工程有限公司（大船海工）签订了 7500m³ 液化 CO_2 运输船的建造合同用于运输捕集后的液态 CO_2。北极光项目于 2024 年开始运营，第一阶段的设施于 2024 年投入使用，每年能够处理 150 万吨 CO_2，到 2026 年产量将扩大到 500 万吨。北极光项目在实现跨境 CO_2 运输和储存方面发挥着至关重要的作用，并为欧洲多个行业减少碳排放提供了可行的解决方案，将成为有史以来第一个跨境、开源的 CO_2 运输和储存基础设施网络。

表4-9 北极光项目信息

地点	挪威北海和西海岸
运营时间	2024
规模	一期：1.5×10^6t/a；二期：5×10^6t/a
应用领域	多样
封存地点	海上
运输距离	110km
运输类型	管道和船舶

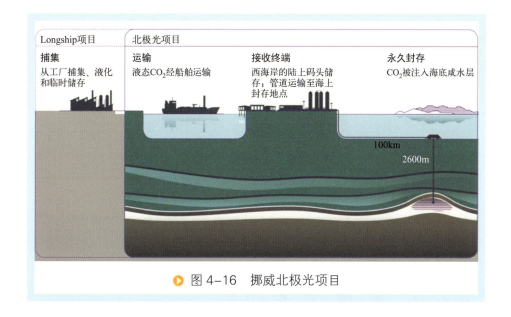

图 4-16 挪威北极光项目

（6）Drax BECCS

Drax Power 在英国北约克郡的发电站运营着两个带有 BECCS 的试点生物能源设施，计划到 2027 年开始实现大规模的 CO_2 捕集，两个机组的产能将达到 8.0Mt/a。Drax BECCS 项目将是英国拟建的零碳亨伯 CCUS 集群的一部分，项目信息见表 4-10。该项目旨在利用专门建造的新 CO_2 和氢气管道网络，于 2040 年创建世界上第一个净零工业集群。2019 年，Drax BECCS 第一个试点设施开始运行，在世界上首次以 100% 生物质原料捕集 CO_2，该项目每天最多可捕获 1t CO_2。采用了

C-Capture 的捕集技术，如图 4-17 所示。燃烧生物质发电产生的烟气中含有 4%～15% 的 CO_2，采用 C-Capture 溶剂与烟气在吸附柱中进行接触并选择性地捕集 CO_2，处理后的烟气主要是 N_2 和 O_2，排入大气，吸附 CO_2 的溶剂通过换热器进行加热，而后进入脱附单元。在脱附器中，所需的热量以蒸汽的形式从发电站传出，并通过再沸器加热溶剂，尽可能减少这一步的能耗是提高 CO_2 捕集过程整体效率的关键。C-Capture 的解决方案是目前已开发的工艺过程中最节能的过程之一。

表4-10　Drax BECCS项目信息

地点	英国，北约克郡
运营时间	一期：2019年；二期：2020年
规模	一期：1t/d；二期：0.3t/d
应用领域	生物质发电厂
原料	压缩木屑颗粒
CO_2利用途径	海上封存
运输	100km管道

▶ 图 4-17　C-Capture 的捕集技术示意图

2020年第二次Drax试点启动，采用MHI的捕集技术，每天捕获约300kg CO_2。计划在2030年，第二个BECCS单元建设完成并投入运营，Drax集团成为一家负碳公司。计划在2040年，零碳亨伯CCUS集群实现零碳状态。Drax BECCS项目的目标是到2027年从英国最大的一个生物质发电装置（660MW）中每年捕获430万吨CO_2。CO_2将通过管道运输，并通过专门的地质储存库储存在北海南部。

（7）中石化齐鲁石化-胜利油田CCUS项目

齐鲁石化-胜利油田CCUS项目（表4-11）是我国首个百万吨级CCUS项目，于2021年7月启动建设，2022年1月全面建成，2022年8月正式注气运行，这标志着我国CCUS产业开始进入技术示范中后段——成熟的商业化运营。该项目由齐鲁石化CO_2捕集和胜利油田CO_2驱油与封存两部分组成，即以齐鲁石化第二化肥厂煤制气装置排放的CO_2尾气为原料（该尾气属于优质的CO_2资源，纯度高达90%），通过液化提纯技术，回收煤气化装置尾气中的CO_2，然后液态CO_2产品再被送往胜利油田进行驱油与封存。该项目覆盖地质储量6000万吨，年注入能力100万吨，预计未来15年将累计注入1068万吨CO_2，可实现增产原油296.5万吨。该项目涵盖了碳捕获、碳利用和碳封存3个重要环节，整个过程节水、驱油、减碳一举三得。在碳捕集环节，齐鲁石化CO_2回收提纯装置包括压缩单元、制冷单元和液化精制单元，以及配套公用工程，通过深冷和压缩技术回收煤制氢装置尾气中的CO_2，提纯后纯度达到99%以上；在碳利用与封存环节，胜利油田运用超临界CO_2易与原油混相的原理，计划在正理庄油田建设10座无人值守注气站，向附近73口井注入CO_2，同时油气集输系统全部采用密闭管输，进一步提高CO_2封存率。中石化胜利油田自20世纪60年代开始CO_2驱油技术探索，创新出CO_2高压混相驱油技术，建立"压驱+水气交替驱"注入模式，形成四类高压混相驱开发模式，解决了低渗透油藏注不进、采不出、采油速度低、采收率低的难题；同时研发了全密闭高效注入技术，形成了具有完全自主知识产权的注入系列装备。该项目作为国内最大的CCUS全产业链示范项目和标杆性工程,充分发挥了中国石化上下游一体化优势,通过统筹 CO_2 减排与利用,将炼化企业捕集的 CO_2 注入油田地层,将难动用的原油开采上来,实现了 CO_2 捕集、驱油与封存一体化应用,使 CO_2 变废为宝。中石化百万吨级 CCUS 项目及其产业链见图 4-18。

表4-11 中石化齐鲁石化-胜利油田CCUS项目信息

地点	中国,山东,东营
运营时间	2022年
规模	1×10^6t/a,660MW
应用领域	煤化工尾气
技术信息	胺溶液燃烧后捕集技术
CO_2 利用途径	用于胜利油田强化石油开采
运输	80km管道输送超临界CO_2

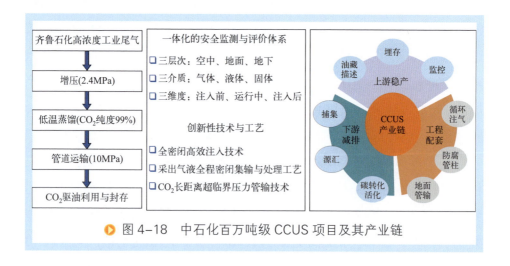

图 4-18 中石化百万吨级 CCUS 项目及其产业链

(8)中国宝武钢铁集团 CCUS 项目

中国宝武钢铁集团有限公司(宝钢)重点研究了 CCU 技术,开发了耦合钢厂余热的不同气体分离技术在高炉煤气热值提升与碳捕获方面的应用。宝钢围绕高炉煤气的热值提升和 CO_2 捕集利用,提出了从 CCS 到与冶金工艺结合的 CCU 新理念,该理念是基于宝钢的能源结构特点和钢铁生产长流程的特性而提出的，尝试解决其经济性问题，实现可持续运行。

宝钢创新性地提出有别于 ULCOS 与 COURSE50 且被 WorldSteel 命名为 Bao-CCU 的技术方案，该方案包含气体分离后的利用价值研究、高炉煤气脱碳工艺研究、能源微藻固碳技术等。具有宝钢特色的 Bao-CCU 概念设计见图 4-19。结合国内外技术发展和自身特点，Bao-CCU 技术方案中以钢铁厂低品质余热资源作为碳捕获的驱动力，采用成熟的化学吸收法模块化技术进行碳捕集，获得高纯度 CO_2 产品气，同时提升单位体积高炉煤气热值；将低成本捕获后的 CO_2 和高炉提质气以经济的方式多重利用，高炉提质气可用于焦炉工序或电厂 CCPP 机组。如：CO_2 用于顶吹转炉炼钢，减少铁蒸发与烧损，降低烟尘量；用于转炉底吹替代氮气、氩气；用于 VOD 与 AOD 等精炼工序；用于高炉炼铁煤粉输送和 CO_2 喷吹；用于替代氮气进行管道吹扫；用于微藻固碳制取生物燃料；用于化工生产原料等。该技术方案在实现碳减排的同时，创造了复合经济效益。2020 年，宝钢在八钢搭建了一个具备煤气脱除 CO_2、煤气加热、高富氧、炉顶煤气循环等功能的氧气高炉低碳炼铁工业试验平台，进入工业化试验阶段，目前已经完成第一阶段 35% 富氧冶炼目标和第二阶段 50% 高富氧冶炼目标。

（9）海螺集团白马山水泥厂 CO_2 捕集纯化项目

2017 年 6 月，海螺集团依托白马山水泥厂日产 5000t 的新型干法生产线，投资 5000 余万元，与大连理工大学开展产学研合作，建设了世界首条万吨级以上水泥窑烟气 CO_2 捕集纯化项目，年产 5 万吨纯度为 99.9% 以上的工业级和纯度为 99.99% 以上的食品级 CO_2。在 2018 年启动白马山水泥厂水泥窑烟气 CO_2 捕集纯化项目，该项目工业级液体 CO_2 设计能力为 2×10^4t/a，食品级液体 CO_2 设计能力为 3×10^4t/a。项目采取的技术路线为燃烧后捕集的化学吸收法，原料气从水泥窑电除尘排风机出口与烟囱之间的管道引出，标况下气量为 22000m³/h，折算工况风量为 30000m³/h。CO_2 捕集纯化工艺系统流程如图 4-20 所示，从水泥窑尾收尘器排风机出口与烟囱之间的管道引出窑尾烟气部分气体，进口温度

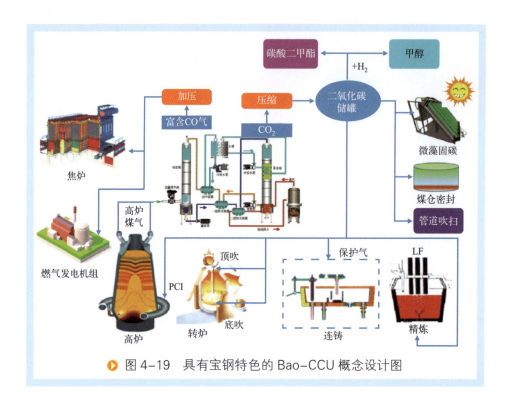

图 4-19 具有宝钢特色的 Bao-CCU 概念设计图

为90℃左右，经冷却分水、稳压后进入脱硫床，用固体脱硫剂净化气态硫化物，气体再进入干燥床，用固体干燥剂彻底脱水；脱出硫化物和水的气流再分成两股，一股是$3×10^4$t食品级物流，进入吸附床进一步用固体吸附剂脱除磷、砷、汞、NO等杂质，再被冷冻机降温液化，进入精馏塔，塔底得到纯度为99.99%以上的食品级CO_2产品，经贮存后装车出厂另一股是$2×10^4$t工业级物流，经液化、精馏得到99.97%以上的工业级CO_2产品。该项目在几个方面取得了显著成果，一是研发出易再生复合型有机胺脱碳剂并形成产业化；二是开发了水泥窑烟气预处理工艺及关键装置；三是开发了水泥窑烟气CO_2吸收/解吸工艺技术及装置；四是开发了CO_2纯化精制关键技术及装置。海螺集团水泥窑烟气CO_2捕集纯化示范项目开创了世界水泥工业回收利用CO_2的先河，捕集纯化的CO_2可以作为灭火剂、保护焊接等下游产业的原料，真正开辟了一条变废为宝的新途径，形成了新的绿色低碳产业体系。

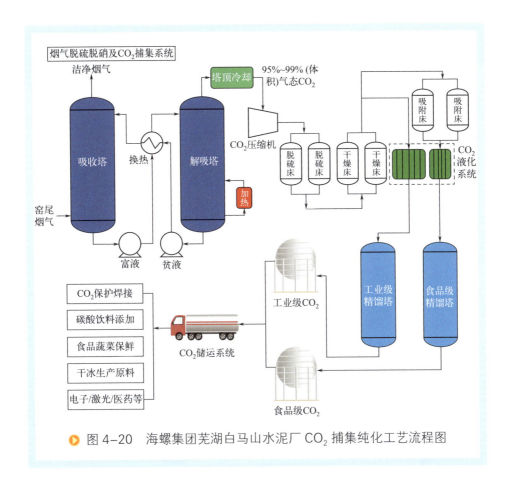

图 4-20 海螺集团芜湖白马山水泥厂 CO_2 捕集纯化工艺流程图

（10）生物质电厂烟气微藻固碳示范工程项目

浙江大学与广东能源集团合作在广东粤电湛江生物质发电有限公司建成国内首个生物质电厂原始烟气微藻固碳工程项目，这是广东能源集团首个落地的 CCUS 示范项目。该项目已被科技部中国 21 世纪议程管理中心发布的《中国 CO_2 捕集利用与封存（CCUS）年度报告（2023）》收录至中国 CCUS 示范项目名录。该项目自 2021 年 11 月启动以来，经过近两年的技术攻关，项目组筛选出耐受生物质电厂原始烟气成分的微藻，开发了立柱式光生物反应器及其技术工艺体系，CO_2 吸收利用率达到 90%，每平方米光照面积微藻生物量面积产率大于 30g/d，开创了国内首个生物质电厂-微藻固碳-资源化利用的负碳经济新模式。

4 应用场景与减排模式

微藻固碳项目利用微藻的光合作用来减排生物质电厂排放烟气中的CO_2，实现负碳排放效益，再通过对固碳后的微藻开展资源化利用，有效提高了项目整体综合效益，如图4-21。在整个微藻利用过程中，首先提取其高值化合物，保证微藻经济价值的最大化，提取色素的藻渣中富含碳水化合物等能源物质，通过发酵热解等技术生成生物燃料等，以促进微藻能源化利用。此外，微藻发酵后的含碳固体残渣（含碳脂类、细胞壁纤维素等）可通过热解方法制取生物炭，而生物炭可作为生物活性吸附剂及非金属碳材料催化剂等，也具有高附加值，微藻各组分都能得到充分利用。

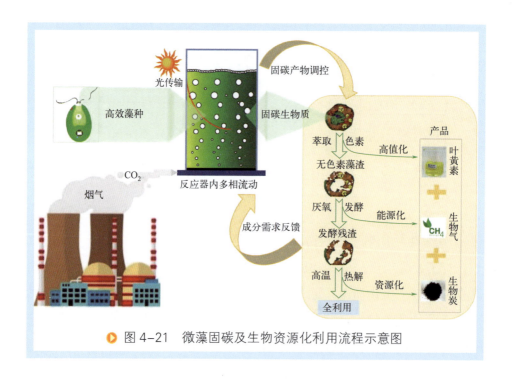

图4-21 微藻固碳及生物资源化利用流程示意图

（11）国家能源集团国电电力大同公司燃煤电厂CO_2化学链矿化利用工程

2021年10月28日，国内首套燃煤电厂CO_2化学链矿化利用工程在国家能源集团国电电力大同公司正式开工建设。2022年12月25日，该工程在国家能源集团国电电力大同公司建成并通过了168小时运行验收。该工程是国内首套燃煤电厂 CO_2 化学链矿化利用工程，项目包含设计开发燃煤电厂年处理1000t 的 CO_2 化学链矿化示范装置工艺包，建设工业示范装置并开展工业试验，完成 CO_2 矿化大规模工业装置可行性研究等内容。

该项目以工业尾气中的 CO_2 和硅酸盐矿石或电石渣、工业固废、废弃建材等为原料，利用氯化铵分解得到氯化氢气体与氨气；氯化氢溶解硅酸盐矿石或固体废料，得到钙的氯化物；钙的氯化物、氨气和 CO_2 反应产生的氯化铵经浓缩干燥后还可循环使用，得到的碳酸盐作为工业生产应用最为广泛的矿物原料之一，被广泛应用于道路、建材、冶金、橡胶、塑料、造纸、涂料等行业，具有较好经济价值。该工程采用原初科技（北京）有限公司自主研发的、达到国际领先水平的化学链矿化 CMUS/CCUS 专利技术，整个过程中电厂烟气无须经过捕集提纯，循环介质溶液可以反复循环使用。

5 技术经济性分析

经济可行性是决定 CCUS 技术实现大规模推广的关键因素。由于 CCUS 全流程需要额外耗能的技术特点，因此采用该技术之后会使电厂发电成本上升。积极发展 CO_2 的资源化利用技术可以在很大程度上提高 CCUS 的技术经济性，进而提高技术的吸引力和竞争力。目前，中国 CCUS 示范项目整体规模较小，成本较高。CCUS 的成本主要包括经济成本和环境成本。经济成本包括固定成本和运行成本，环境成本包括环境风险与能耗排放。经济成本的首要构成是运行成本，是 CCUS 技术在实际操作的全流程中，各个环节所需要的成本投入。运行成本主要涉及捕集、压缩、运输、封存、监测等环节，其中捕集环节所占的成本最高。CCUS 项目经济成本各环节占比见图 5-1。

环境成本主要由 CCUS 可能产生的环境影响和环境风险组成。一是 CCUS 技术的环境风险，CO_2 在捕集、运输、利用与封存等环节都可能会有泄漏发生，会给附近的生态环境、人身安全等造成一定的影响；二是 CCUS 技术额外增加能耗带来的环境污染问题，大部分 CCUS 技术有额外增加能耗的特点，增加能耗就难免带来污染物的排放问题。从封存的规模、环境风险和监管考虑，国外一般规定一定期限的关闭保证期，要求 CO_2 地质封存的安全期不低于 200 年。CCUS 项目经济性分析方法见图 5-2。

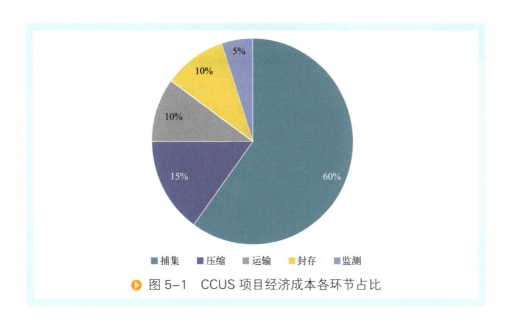

图 5-1　CCUS 项目经济成本各环节占比

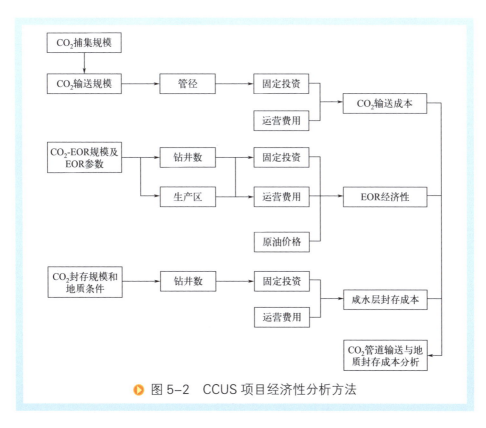

图 5-2　CCUS 项目经济性分析方法

5.1 捕集环节

应用于工业捕集的溶剂以传统醇胺溶液为主,用于碳捕集的胺溶剂能耗主要是溶剂的再生能耗,每吨CO_2平均综合再生能耗为2.7~3.0GJ。图5-3参考相关专业书籍,以化学吸收法为例,展示了CO_2捕集成本的影响因素。

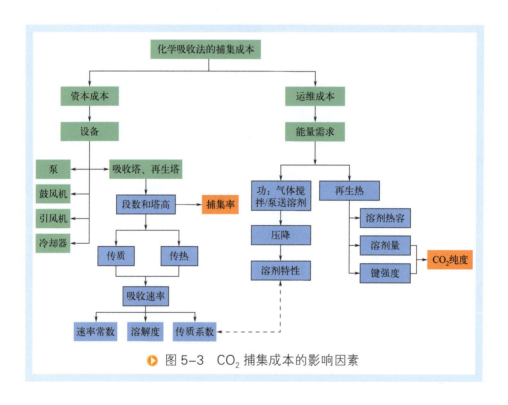

▶ 图5-3 CO_2捕集成本的影响因素

尽管在工业中可能使用同样的捕集方法进行碳捕集,但是不同排放源以及不同浓度的CO_2,造成的能源消耗均可能不一样,还要考虑具体的捕集条件。相应的,捕集成本也随不同的排放源和浓度而不同,通常CO_2浓度越高,捕集能耗和成本越低,CCUS减排技术的CO_2减排成本越低。依据IEA的统计数据得到图5-4,其中深蓝色为低浓度的CO_2捕集过程，捕集成本相对于浅蓝色的高浓度 CO_2 捕集过程的成本要高，同时也应该考虑排放源的排放量规模。一般而言，高浓度的 CCUS 项目比低浓度的 CCUS 项目成本更低，因为前者避免了捕集的成本，仅需要后续的压缩、脱水、液化、运输和封存。因此，未来捕集技术的进步所带来的成本降低不会对高浓度 CCUS 项目产生显著影响，相反 CCUS 项目的规模化效应对其影响较大。

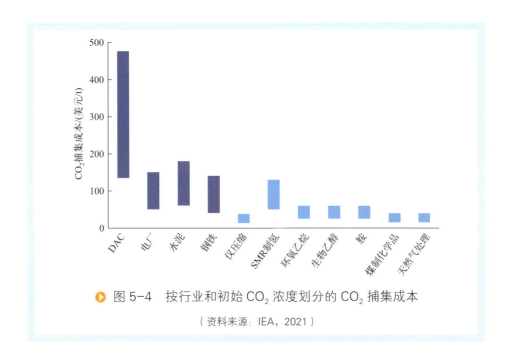

图 5-4　按行业和初始 CO_2 浓度划分的 CO_2 捕集成本

（资料来源：IEA，2021）

在火电行业中，安装碳捕集装置导致成本增加 0.26～0.4 元 /kWh。总体而言，装机容量大的电厂度电成本、加装捕集装置后增加的发电成本、CO_2 净减排成本和捕集成本更低，但是耗水量更大，电厂安装捕集装置后冷却系统总耗水量增加近 50%，尤其会给缺水地区造成更严重的水资源压力。在石化和化工行业中，CCUS 运行成本主要来自捕集和压缩环节，更高的 CO_2 产生浓度通常意味着更低的 CO_2 捕集和压缩成本，因此，提高 CO_2 产生浓度是降低 CCUS 运行总成本的有效方式。

捕集阶段的能耗较高，对成本以及环境的影响十分显著。如醇胺吸收剂是目前从燃煤烟气中捕集 CO_2 应用最广泛的吸收剂，但是基于醇胺吸收剂的化学吸收法在商业大规模推广应用中仍存在明显的限制，其中最主要的原因之一是运行能耗过高，每千克 CO_2 可达 4.0～6.0MJ。

5.2 运输环节

运输技术是连接碳源和利用封存的纽带，运输成本与运输距离和运输量密切相关，常用的 CO_2 运输方式主要包括管道运输、船舶运输和罐车运输三种，三种运输方式成本核算边界见图 5-5。由于超临界 CO_2 的黏度远小于液态 CO_2，超临界输送的管道直径小于液态输送，同时管道的壁厚也相应较小，因此在长距离管道输送条件下，选用超临界输送方式可大幅度降低成本。

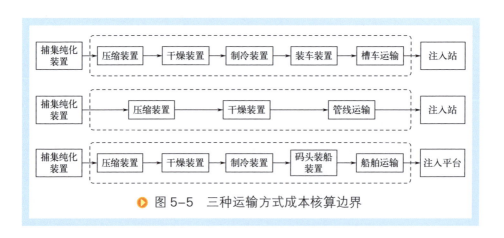

图 5-5　三种运输方式成本核算边界

国内外罐车的制造和运输技术已相当成熟，罐车运输成本一般在 1～1.5 元/(t·km)；依据 IEA 的统计数据得到船舶与陆上管道两种运输方式在不同运输量和运输距离下的成本（图 5-6、图 5-7）。船舶运输是相对比较经济的运输方式,其成本低于罐车运输成本但高于管道运输成本。当输送距离大于1500km时,船舶运输成本会降至0.1元/(t·km)。超临界管道运输成本在0.4～0.5元/(t·km),未来随着输送规模增大,可进一步降低至0.3元/(t·km)以下。

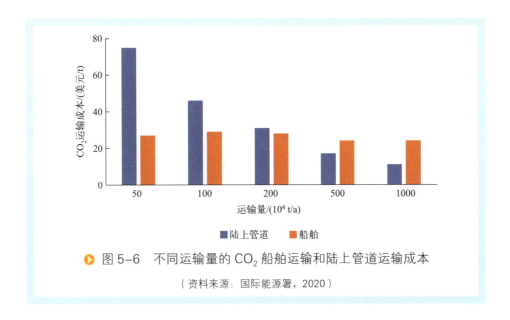

图5-6 不同运输量的CO_2船舶运输和陆上管道运输成本

(资料来源:国际能源署,2020)

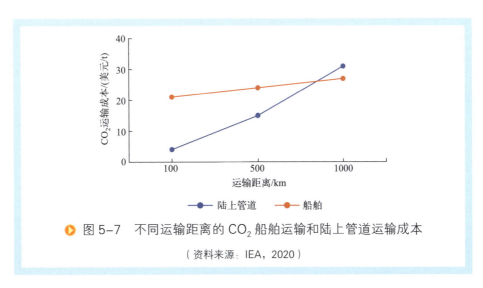

图5-7 不同运输距离的CO_2船舶运输和陆上管道运输成本

(资料来源:IEA,2020)

5.3 利用环节

在 CCUS 的整体价值链条中，CO_2 利用技术路径多且最具经济效益。CO_2 利用技术不仅能够制备得到具有较高附加值、下游应用广泛的化学品、燃料、聚合物材料等，而且与现有的能源和工业体系具有更好的耦合度，有望在无须改变当前基础设施框架的基础上，通过一定的技术改造，在短期内为高碳行业提供显著的降碳效益。此外，CO_2 利用技术有望改变当前各行业对化石资源的依赖，将 CO_2 作为化工、建材、食品等行业的碳元素来源，通过原料替代的方式实现其深度脱碳。

总而言之，CO_2 利用技术是将 CO_2 作为碳氧资源，通过化学或生物方法转化为目标产品，在实现碳减排的同时获取具有较高附加值的化学品，受到社会各界的广泛关注，图 5-8 为依据 2019 年 IEA 的报告整理的 CO_2 化学利用典型技术路径示意图。

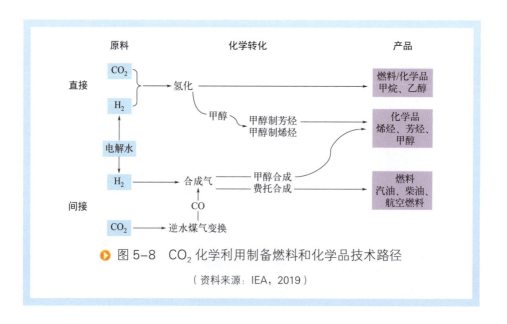

图 5-8 CO_2 化学利用制备燃料和化学品技术路径

（资料来源：IEA，2019）

以氢气为还原剂，通过加氢反应可将 CO_2 转化为一氧化碳、甲烷、甲醇、甲酸、烯烃等产物。CO_2 催化加氢转化是目前 CO_2 化学转化领域的研究热点之一，其中 CO_2 通过逆水煤气变换制备一氧化碳、CO_2 加氢甲烷化、CO_2 加氢合成甲醇的技术成熟度相对较高；CO_2 加氢制甲酸过程可逆性较强，被认为是一种潜在的储氢技术，但过程受到严重的热力学平衡限制，目前只有较为昂贵的均相催化体系能够相对高效地促进该反应的进行；CO_2 加氢制烯烃过程的本质是通过不同催化剂在不同尺度上的组合，实现 CO_2 首先加氢成为一氧化碳或甲醇，再串联费托反应或甲醇转化反应生成烯烃的过程，该技术目前处在实验室基础研发阶段，成熟度较低。

CO_2 催化加氢转化技术是实现碳基能源循环低碳利用的重要途径，在形成规模化效应后，有望显著降低地下化石能源的开采量，因此该类技术的间接减排效应巨大；同时有望与目前快速发展的可再生氢产业紧密衔接，解决可再生能源消纳问题的同时，实现碳减排和氢资源两个能源领域重大方向的结合并切入高端化学品合成行业，促进未来低成本可再生氢资源的高值化利用，形成全新业态。CO_2 加氢转化技术典型催化条件见图 5-9。

5.3.1　CO_2 加氢合成甲醇

甲醇被认为是现代工业生产中最重要的有机化工原料之一，通过 CO_2 加氢合成甲醇是目前最为广泛关注的 CO_2 利用途径之一，相关技术在各类 CO_2 转化合成能源化学品的途径中也最为成熟，因此本小节以该技术为例，初步讨论 CO_2 转化技术的成本和效益。以 CO_2 为原料，通过加氢反应制甲醇技术作为一种新型的化工路线，目前已经具备了一定的成熟度。诺贝尔奖得主 George A. Olah 教授在其提出的甲醇经济中指出，甲醇是一种重要的平台化学品，碳中性的甲醇还可以被认为是一种基于 CO_2 分子的高能量密度、高安全性储能方式，因此 CO_2 加氢合成甲醇技术在未来的应用潜力巨大。

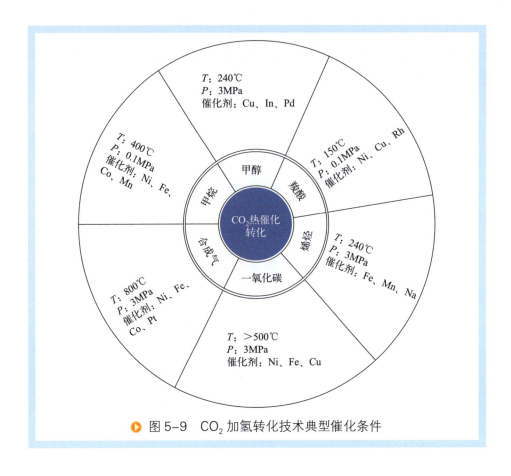

图 5-9　CO_2 加氢转化技术典型催化条件

各国都在积极开展和推进 CO_2 加氢制甲醇的技术研发和工业应用，国内外 CO_2 加氢合成甲醇示范项目见表 5-1。日本 Mitsui 化学公司成功研发并建设了 100t/a 的 CO_2 加氢制甲醇放大装置，其中 CO_2 来自乙烯生产，H_2 由太阳能光解水制氢的方法制得。2011 年，挪威冰岛国际碳回收公司（CRI）作为 CO_2 加氢制甲醇行业商业化的领军者，已投产年产 4000t 甲醇的示范装置，同时计划建造容量为 40000t/a 的大型甲醇生产工厂，该装置的 CO_2 来源于热电厂排放气体，H_2 来源于清洁能源电解水。加拿大 Blue Fuel Energy 也将建造一座 $4×10^5$t/a 的甲醇生产装置，并且由可再生电力提供动力。CO_2 加氢制甲醇已经在冰岛实现了小规模的利用地热发电-电解水产氢以制甲醇的商业化应用，成为了 CO_2 利用技术最典型的成功案例之一。中国科学院上海高等研究院团队解决了催化剂放大生产中的关键问题，2016 年完成中试工艺流程贯通和平稳运行，具备了实施规模商业示范应用的条件，在此基础上开展了 CO_2 加氢制甲醇关键技术开发及中试放大研究，并于 2020 年 7 月建成 5000t/a 工业试验装置。该装置已累计运行 512 小时，并已于 2020 年 9 月 21 日至 24 日通过了石化联合会组织的现场 72 小时考核。该项目率先建成了全球最大规模 CO_2 加氢制甲醇工业试验装置，与国内外同类技术相比，主要技术指标先进。但总体来说，该技术的整体经济性一定程度上限制了工业化装置的广泛运行与推广。

表5-1　国内外CO_2加氢合成甲醇示范项目

项目名称	项目简介	实施单位	项目地点	项目规模	项目年份
首个CO_2加氢合成甲醇示范项目	技术研发	鲁奇(Lurgi)公司	—	—	1993
CO_2加氢合成甲醇示范线	基于Cu/ZnO/ZrO_2/Al_2O_3/SiO_2催化剂	日本再生能源和环境研究所(NIRE)和日本地球环境产业技术机构(RITE)	—	50kg/d	1996
CO_2加氢合成甲醇放大装置	CO_2来自乙烯生产，H_2来自太阳能光解水制氢	日本三井(Mitsui)公司	—	100t/a	2008
千吨级CO_2加氢合成甲醇中试	CO_2来源于热电厂排放气体，H_2来源于清洁能源电解水	挪威冰岛碳循环国际(CRI)公司	冰岛	4000t/a	2012
千吨级高性能CO_2加氢合成甲醇中试	—	中国科学院上海高等研究院	海南海口	5000t/a	2016年完成中试，2020年7月建成工业试验装置

续表

项目名称	项目简介	实施单位	项目地点	项目规模	项目年份
千吨级太阳燃料合成示范项目	10MW光伏发电-2×1000m³/h电解水制氢-ZnO/ZrO₂固溶体催化剂合成甲醇	中国科学院大连化学物理研究所	甘肃兰州	1500t/a	2020
陕鼓总包的CO_2加氢制绿色低碳甲醇联产LNG项目	采用冰岛CRI公司的ETL专有绿色甲醇合成工艺和国内新的焦炉煤气净化冷冻法分离LNG及上海电气提供的胺法CO_2捕集技术	安阳顺利环保科技有限公司	河南安阳	甲醇11×10⁴t/a和联产LNG7×10⁴t/a	2022

以规模 6×10^5t/a，折旧周期为 10 年的液态阳光甲醇项目为例。在固定资产投入中，液态阳光基本单元为电解水装置和其他公用工程；运行成本投入中，液态阳光基本单元包括制氢电耗、CO_2 捕集和其他三部分，生产成本明细见表 5-2。液态阳光 6×10^5t 甲醇需要消耗氢气 1.2×10^5t，在标准大气压下的氢气密度为 0.089kg/m³，需要标准状态下的氢气 1.35×10^9m³。以每台电解水装置产能为 1500m³/h，运行时间每年为 8000h 为例，则需要 112 套电解水装置才能满足需求，若装置成本为 1300 万元 / 套，则总成本为 14.56 亿元。电解水制备氢气（标准状态）能耗为 4.5kWh/m³，以光伏发电成本为 0.25 元 /kWh 计算，则制氢成本为 1.125 元 /m³，每年产氢用电费用为 15.19 亿元。液态阳光 60 万吨甲醇需要消耗 CO_2 8.76×10^5t，捕集成本为 200 元 /t，则 8.76×10^5t CO_2 捕集成本共为 1.75 亿元；液态阳光甲醇合成中，每吨甲醇的 CO_2 消耗量为 1.46t，碳交易市场价格为 50 元 /t，则每吨甲醇可得到收益 73 元。液态阳光甲醇生产成本与可再生能源发电成本紧密相关，二者成本与其最敏

感因素变化关系见表 5-3，液态阳光甲醇的成本随着可再生能源发电成本的降低而不断降低。

表5-2 液态阳光甲醇生产成本明细

项目	工艺名称	单价	数量	成本
固定资产	电解水装置	1300万元/套	113套	14.69亿元
	其他/公用工程等	—	—	14.05亿元
	合计	—	—	28.74亿元
运行成本	制氢电耗	0.25元/kWh	6.075×10^9 kWh	15.19亿元
	碳捕集	200元/t	8.76×10^5 t	1.75亿元
	其他	—	—	1.50亿元
合计		—	—	18.44亿元
甲醇成本	—	—	—	3552元/t
考虑碳税甲醇成本	—	每吨$CO_2$50元	—	3479元/t

表5-3 液态阳光甲醇生产成本随电价变化表

可再生能源发电成本/（元/kWh）	未考虑碳税条件下甲醇成本/（元/t）
0.15	2539
0.25	3552
0.35	4564
0.45	5577
0.55	6589

总体而言，目前 CO_2 加氢合成甲醇技术的成本高于传统的甲醇合成路线，但随着技术的进一步发展，尤其是可再生能源制氢成本的降低以及碳交易等外部驱动因素的逐渐改善，CO_2 加氢合成甲醇技术有望具备显著的经济优势，助力构建能源化工行业全新的碳中和技术体系。

5.3.2 CO_2加氢合成甲烷

CO_2 甲烷化是利用 CO_2 资源的有效途径之一，CO_2 加氢制甲烷的流程见图5-10。甲烷（CH_4）是CO_2催化加氢热力学最稳定的产物，同时也是重要的燃料和化学品。甲烷（天然气及沼气等的主要成分）通常作为燃料燃烧产生热能，热能可以直接或间接用于发电。甲烷还可以作为氢气的载体以及储存多余电力的临时方式。此外甲烷也可作为化工原料，广泛应用于氢气、一氧化碳、乙炔及甲醛等的制备。CO_2甲烷化反应又叫做Sabatier反应，目前对于该反应体系催化剂的研发已经较为广泛，且催化工艺已相对成熟。当前关于Ni基催化剂的研究较为成熟，工业化应用较为常见，具有成本低廉、制备简单等优势，目前相关研究主要集中在载体效应、助剂以及制备方法等方面，需要进一步提高其稳定性和低温反应活性。

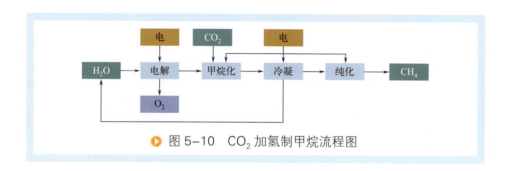

图5-10 CO_2加氢制甲烷流程图

以1×10^4t/a的规模为基准，研究人员依据密歇根大学的TEA/LCA评估模型对CO_2甲烷化的技术经济性进行分析，研究规模、电价、碳价等敏感性因素对其成本的影响。研究发现，CO_2甲烷化的整个过程中由于劳动力和设备成本的分配原因存在规模经济效应，当甲烷产量提高时，即当规模从基准情境下的1×10^4t/a提高到1×10^5t/a时，生产成本从50美元/GJ下降到45美元/GJ，下降了10%，如图5-11所示。从图5-12 CO_2加氢制甲烷敏感性分析结果中可以看出，当电价从0.01美元/kWh提高到0.15美元/kWh时，生产成本从20美元/GJ左右增加到90美元/GJ左右，生产成本对电价的高灵敏度是因为电解过程中电力的使用占据了整个过程中的大部分成本。另外，当直接从空气中捕获的CO_2的成本从0.05美元/kg增加到0.20美元/kg时，制造成本从45美元/GJ增加到53

美元/GJ。考虑到在电价较低的情况下，该工艺产生的甲烷仍比2020年美国甲烷平均价格高出一个数量级，该工艺只有在传统甲烷更昂贵（由于技术或监管原因）、电力更便宜以及可以获得廉价氢气的地区部署才能有经济可行性。

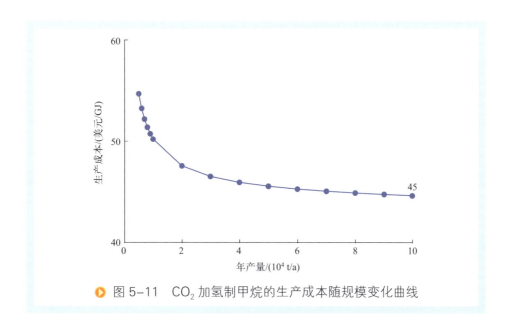

图 5-11　CO_2 加氢制甲烷的生产成本随规模变化曲线

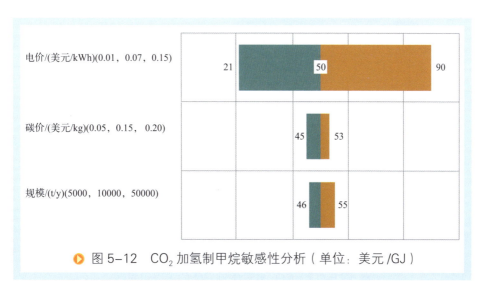

图 5-12　CO_2 加氢制甲烷敏感性分析（单位：美元/GJ）

5.3.3 CO_2电催化还原

近年来,研究者们发现,通过光电催化的手段,能够在温和条件下实现 CO_2 的还原,从而获取一氧化碳、甲烷、含氧化合物、烯烃等系列产物。CO_2 光电催化还原技术直接利用电子或光子的能量,实现 CO_2 的还原,其中电催化 CO_2 还原反应(CO_2RR)将可再生电力与 CO_2 还原转化结合可实现在季节性或非高峰储能应用中有效地将电能转换为化学能,并且将 CO_2 电催化还原为 CO、HCOOH、CH_3OH 等重要的燃料和化学品,可将化学品生产与化石资源解耦,CO_2 电还原制 CO 的流程见图 5-13。CO_2 分子具有很强的化学惰性,碳氧双键需要受到高能量电子或质子的碰撞时才会发生断裂。另外,CO_2RR 是一个缓慢的动力学过程,同时反应的副产物较多,因此反应的选择性较低,一般情况下产物中 CO 和 HCOOH 的选择性较高。

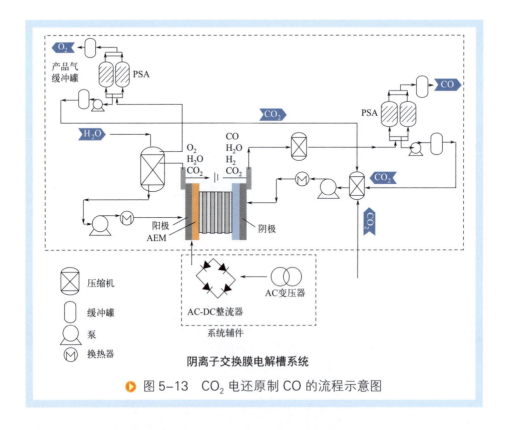

图 5-13 CO_2 电还原制 CO 的流程示意图

以 50000kg/d 的 CO_2 电催化还原制 CO 为例，年操作时间按 8000 小时计算，装置寿命为 20 年，进行 CO_2RR 反应的技术经济性分析。从 CO 产品的敏感性分析图（图 5-14）中可以看出，CO_2 电催化还原制 CO 过程受电价的影响最为显著，当电价由 0.2 元 /kWh 增加至 0.5 元 /kWh 时，CO 产品的成本由 2.948 元 /kg 增加到 4.765 元 /kg，这进一步证明 CO_2RR 反应可行的前提是使用可再生电力。此外，对不同情景下 CO 产品的成本分布作详细分析（图 5-15），在乐观情景即使用可再生电力和技术进步的情况下，CO 产品的成本构成中，电价占比最大，其次为产物的分离成本。

▶ 图 5-14 CO_2RR 制 CO 产品的敏感性分析（单位：元 /kg）

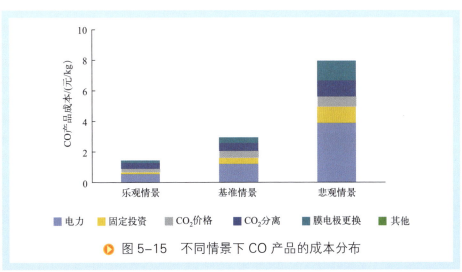

▶ 图 5-15 不同情景下 CO 产品的成本分布

5.3.4 CO_2 矿化养护混凝土

混凝土是世界上最常用的人造材料之一，具有耐久性、强度高、价格低廉、原材料多样等特点，能够提高道路、桥梁、隧道、跑道、大坝、污水管道的坚固性。水泥是混凝土中必不可少的粘黏剂，它与水发生反应使碎石、砂砾和沙土结合。但水泥在生产加工过程中会排放大量的 CO_2，据统计，每生产 1t 水泥将产生 810kg 的 CO_2，因此低碳环保成为水泥混凝土产业发展的必然方向。利用 CO_2 矿化养护技术生产低碳混凝土不同于传统的混凝土生产过程，该种混凝土的生产需要吸收一定量的 CO_2，主要过程是将工业废气中的 CO_2，如水泥生产过程中排放的 CO_2，利用特殊的方法注入新拌混凝土中，CO_2 与混凝土中的钙镁组分发生化学反应，从而将 CO_2 永久固结在混凝土中，在实现温室气体 CO_2 封存与利用的同时，混凝土的强度和耐久性也得到一定程度的提高。CO_2 矿化养护混凝土流程见图 5-16。CO_2 与硬化混凝土会发生碳化反应，导致混凝土对钢筋的保护能力下降、耐久性降低。CO_2 矿化养护技术是在早期成型的混凝土阶段将 CO_2 注入，CO_2 与混凝土中的钙、镁组分发生矿化反应，产生适量致密碳酸钙晶体，硬化混凝土，其强度甚至会比同配比的传统混凝土高 10% 以上，并由于材料致密度增加，混凝土耐久性也显著提高。相比于传统的高能耗蒸汽养护（1～2d）或自然养护（28d）生产的混凝土，采用这种技术制造的混凝土，可以缩短养护时间至数小时以内，减少混凝土生产过程中 30%～40% 的 CO_2 排放量，并且由于强度和耐久性提升，可以直接或间接节约水泥用量，实现源头减排。

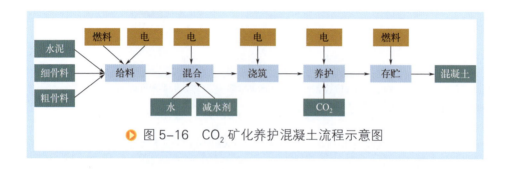

图 5-16 CO_2 矿化养护混凝土流程示意图

依据密歇根大学的 TEA/LCA 评估模型对 CO_2 矿化养护混凝土技术进行经济性分析，研究规模、电价、碳价等敏感性因素对其成本的影响。可以发现，生产成本在早期对产量高度敏感，并且存在与设备尺寸和占地面积相关的规模经济。当产量接近 $1×10^5 m^3/a$ 时，生产成本才趋于平稳但仍继续有小幅下降，直到产量达到至少 $1.5×10^6 m^3/a$ 时才稳定在 45 美元 $/m^3$，如图 5-17 所示。在该技术情景中，CO_2 占制造成本的 12%，因此最终制造成本对 CO_2 成本具有很高的敏感度：将 CO_2 成本增加到 1 美元 $/kg$ 将使制造成本增加到 130 美元 $/m^3$ 左右，比 CO_2 成本为 0.12 美元 $/kg$ 时的制造成本高出约 88%。

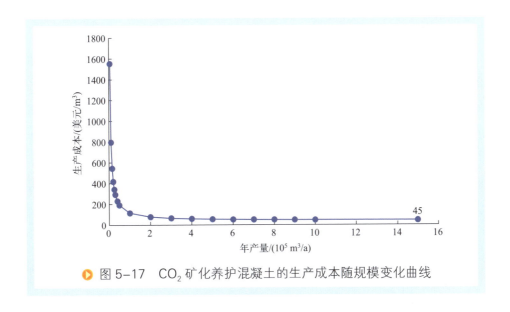

图 5-17　CO_2 矿化养护混凝土的生产成本随规模变化曲线

5.3.5　微藻固定CO_2制备生物柴油

据估计，地球上的植物每年通过光合作用固定的碳达 $2×10^{11} t$，能量达 $3×10^{18} kJ$，可开发的能源约相当于全世界每年能耗的 10 倍，其中藻类生物质的贡献约占 46%。微藻是一种体积小、结构简单、生长迅速的单细胞植物。微藻光合作用效率高，是陆生植物的 10～50 倍，其光合固碳速率高达 $1826 mg/(L·d)$，因此微藻能高效固碳，同时其微藻生物质能用于可再生能源制取等，在促进碳减排的同时改善能源结构。微藻生物质中富含能源类物质，如碳水化合物和脂质，这些能源类物质可通过各种技术转化为清洁生物燃料。微藻固定 CO_2 制备生物柴油的流程见图 5-18。

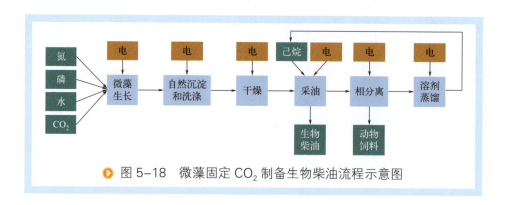

图 5-18 微藻固定 CO_2 制备生物柴油流程示意图

依据密歇根大学的 TEA/LCA 评估模型对微藻固定 CO_2 制备生物柴油技术的经济性进行分析。以 1×10^5 GJ/a 的产量为基准，由于规模经济效应，当产量增加到 10×10^5 GJ/a 时的生产成本约为 150 美元 /GJ，该成本比产量为 1×10^5 GJ/a 时的成本低约 25%，但仍比传统柴油的成本高一个数量级，如图 5-19 所示。在该技术情景中，当 CO_2 成本从 0.05 美元 /kg 增加到 0.15 美元 /kg 时，生产成本从约 180 美元 /GJ 增加到约 240 美元 /GJ，这意味着生产成本对 CO_2 的投入成本相当敏感。

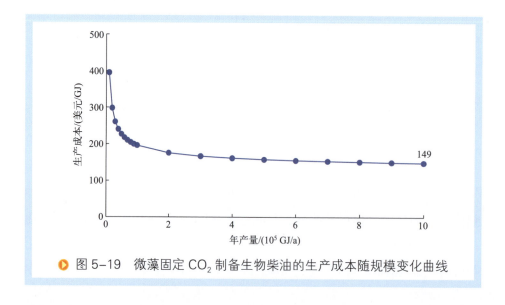

图 5-19 微藻固定 CO_2 制备生物柴油的生产成本随规模变化曲线

5.4　封存环节

封存环节是指将 CO_2 从运输终端（管道、罐车和船舶）输送并封存在适宜场地中，即 CO_2 输送的后阶段。封存场地的要求如下：具有足够高孔隙度的地层，以便有足够的存储空间；足够的连通性，允许流体从井筒进入地层；足够高的渗透率，以平衡注入速率和压力。封存注入成本取决于地理位置等特定因素，如地层渗透率、注入速率和注入量。此外，注入期间和注入后的监测是封存成本的另一个组成部分。依据中国科学院的研究数据，得到包含捕集、运输和封存的 CCUS 全流程各环节技术成本预测（图 5-20），其中封存成本目前为 50～60 元/t，预期到 2030 年可降低至 40～50 元/t，到 2060 年可降低至 20～25 元/t。

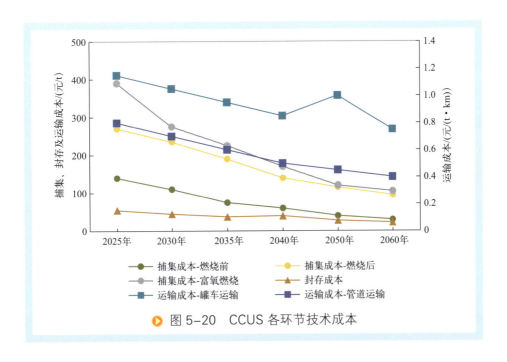

图 5-20　CCUS 各环节技术成本

6 CCUS 专利技术概况

  本章分析对象为申请日截至 2022 年 12 月 31 日的全球范围内的 CCUS 领域专利技术，检索策略参考已有的文献研究，简单同族合并之后，共计得到 40804 项专利族（具有共同优先权的在不同国家或国际专利组织多次申请、多次公布或批准的内容完全相同或基本相同的一组专利文献被称作专利族）。对 CCUS 专利技术从申请趋势、技术来源地、领先研发主体、专利技术构成、专利布局情况、专利技术运营以及专利法律状态等方面进行统计分析，从多角度研判 CCUS 专利技术全球研发趋势，衡量该领域的技术创新活动水平。其中，通过申请趋势研究，可以对比分析各时间段不同区域的 CCUS 技术创新活跃程度；对专利技术来源地等的分析可以在一定程度上了解 CCUS 技术创新的主要竞争国家，把握不同地域 CCUS 技术发展的战略定位；对各个技术领域的领先研发主体进行分析，可以发现 CCUS 领域技术创新竞争力较大的主体等信息，为全球 CCUS 技术发展与市场布局等提供参考。

6.1 全球专利态势分析

6.1.1 专利申请趋势

如图 6-1 全球 CCUS 专利申请时间趋势所示,目前全球 CCUS 领域技术处于创新活跃期。自 1903 年开始有相关专利申请,CCUS 领域专利申请数量整体来看保持着增长的态势(因专利申请公开存在最长 18 个月的时滞,2022 年的专利申请数量仅供参考),直至 1972 年,全球 CCUS 相关专利申请超过 100 项。2005 年,IPCC 发布了《CO_2 捕集与封存》特别报告,强调了 CO_2 捕集与封存相关技术的重要性,推动了 CCUS 领域的技术研发和专利产出,到 2008 年,全球 CCUS 专利申请数量突破 1000 项。

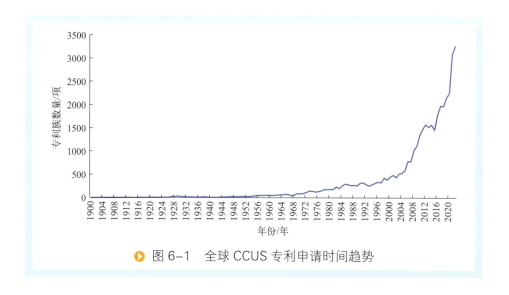

图 6-1　全球 CCUS 专利申请时间趋势

由图 6-1 能明显看出,2013—2015 年,全球 CCUS 专利申请量有所下降,但 2016 年《巴黎协定》的正式实施,一定程度上使得 CCUS 专利申请数量恢复增长,此后一直呈现高速增长的趋势。全球 CCUS 技术研发活跃与世界气候变化等一系列环境问题密不可分,全球正采取有力措

施控制和减少 CO_2 等的排放，减缓温室效应。截至 2022 年，全球 CCUS 专利申请数量达到 3260 项。

总体来看，一系列应对气候变化的相关协定以及各国能源相关战略的出台，体现了全球对 CCUS 技术发展的高度重视，促进了 CCUS 相关技术研发热潮，一定程度上推动了专利申请量持续增长。2020 年，我国确立了到 2030 年实现碳达峰，2060 年实现碳中和的"双碳"战略目标，CCUS 技术是实现这一目标至关重要的技术，在全球各主要国家纷纷提出碳中和目标的背景下，预计未来 CCUS 专利申请会迎来新一轮的增长。

6.1.2　专利技术来源地

图 6-2 为按照专利第一申请人国别统计的全球 CCUS 专利技术来源地前 10 的情况，可以看出中国 CCUS 专利技术研发热度较高，专利申请数量达到 15587 项（香港、澳门、台湾数据已计入），约占专利技术来源地前 10 位提交总量的 40.87%，美国和日本也具有一定的领先优势，占比分别为 19.47%、15.44%，德国和韩国专利数量也均突破了 2000 项。从发明类型来看，前 10 位国家的 CCUS 专利技术大多为发明专利。大多数国家 CCUS 发明专利量的本国申请总量占比均超过了 70%。

6.1.3　领先研发主体

领先研发主体是指检索时段中专利申请总量排名前 10 位的申请人。全球 CCUS 领域前 10 位专利申请人共产出相关专利 4362 项，如图 6-3 所示，包含了龙头企业、科研院所等创新主体。其中，三菱集团排名第一，专利数量达到了 895 项，占前 10 位申请人专利申请总量的 20.52%，中国科学院紧随其后，专利数量突破 700 项，占比达到了 16.44%。大型国企表现优异，中国石油化工股份有限公司的 CCUS 专利数量超过 500 项。日本是 CCUS 专利技术领域的重要角色，3 家企业入围全球前 10 位领先研发主体，其中三菱集团 CCUS 专利技术数量高居榜首。全球前 10 位领先研

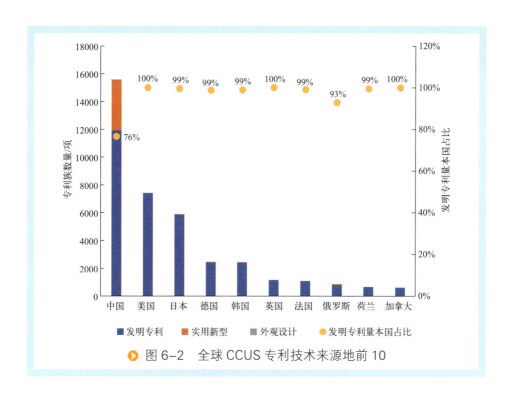

图 6-2 全球 CCUS 专利技术来源地前 10

图 6-3 全球 CCUS 领域领先研发主体

6 CCUS 专利技术概况 141

发主体中，中国占据2位，中国科学院和中国石油化工股份有限公司相关专利产出共计1304项；美国的石油化工巨头埃克森美孚公司产出的相关专利达到了220项。此外，荷兰、德国、法国、韩国也各有一家企业入围。

6.1.4 专利技术构成

全球 CCUS 领域专利技术构成如图 6-4 所示，一级技术分为四类：捕集技术、运输技术、地质利用与封存技术、化工与生物利用技术。其中，捕集技术的相关专利为 19948 项，占比达到了 46.84%，在一定程度上体现出捕集技术可能已发展形成较为完整的体系；其次为化工与生物利用技术相关专利，占比达到 40.37%；地质利用与封存技术、运输技术

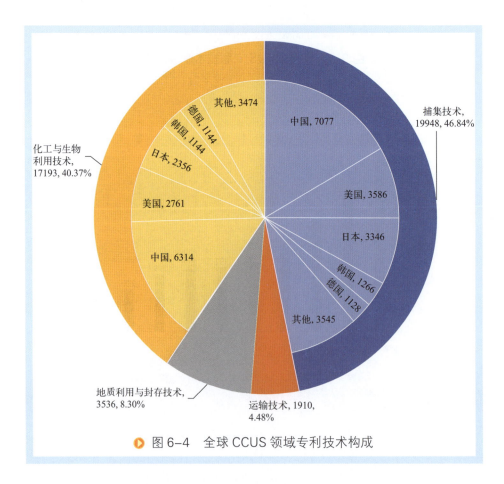

图 6-4 全球 CCUS 领域专利技术构成

相关专利占比较低（分别为 8.30%、4.48%），可能的原因之一是其短期内无法实现商业化运作发展，申请人专利申请积极性不高。

进一步探究捕集技术和化工与生物利用技术的来源情况，发现二者相关专利技术均主要来自中、美、日、韩、德五国，五国两类技术的专利申请量之和的占比分别达到了 82.23%、79.79%。来源于中国的专利技术申请数量最多，这在一定程度上反映出中国对于 CCUS 相关技术的重视和研发投入的增加，特别是在捕集技术和化工与生物利用技术方面的研发活动比较活跃；美国和日本在这两类技术上的专利申请量相对接近。

6.1.5 专利布局情况

全球 CCUS 领域专利布局情况如图 6-5 所示，中国和美国在大部分

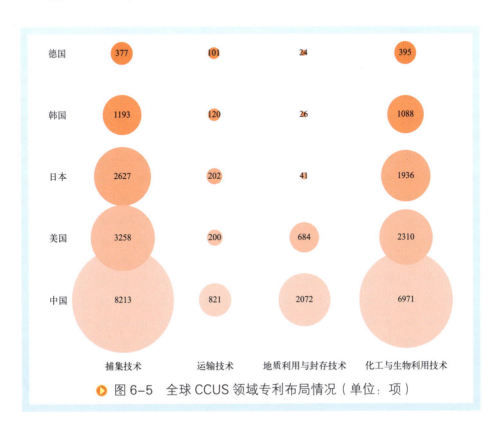

图 6-5 全球 CCUS 领域专利布局情况（单位：项）

技术领域的专利公开数量最多,是备受重视的专利市场,其后依次为日本、韩国、德国。相较于其他国家,中国市场在碳运输技术领域的专利布局数量是美国、日本市场的四倍以上。

总的看来,技术研发活跃的国家/地区相关产业建设和发展情况较完善,政策、市场等环境良好,对专利研发主体有更强的吸引力。

6.1.6 专利技术运营

整体来看,全球 CCUS 领域专利技术运营较为活跃,主要体现在专利转让方面,如图 6-6 所示。四个一级技术分支发生转让的专利数量总计 14161 项(由于一项专利族可能包含多项专利,多项专利运营状态可能有所不同,因此本小节统计量采用未合并的专利项数),其中,碳捕集技术发生转让的专利数量最多,达到了 7812 项,发生许可和质押的专利数量(不完全统计)较少,均为 140 余项。

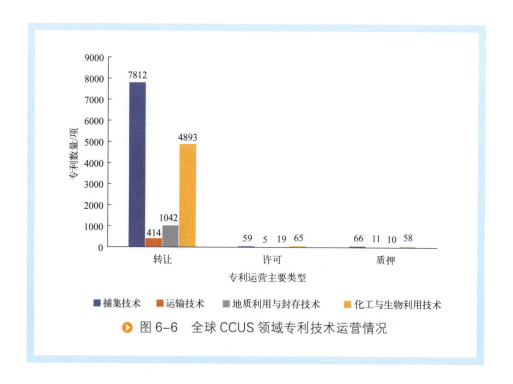

图 6-6 全球 CCUS 领域专利技术运营情况

6.1.7 专利法律状态

全球 CCUS 领域专利法律状态分布如图 6-7 所示（由于一个专利族可能包含多项专利，多项专利法律状态可能有所不同，因此本小节统计量采用未合并的专利项数），仅统计了失效（包括没获得授权的专利申请和授权后失效的专利）、有效（专利申请获得授权且仍在专利保护期内的专利）、审中（仍在审查状态中的专利申请）三种明确状态的专利数量。从图 6-7 中可以发现，四个一级技术分支领域的失效状态专利数量最多，有效专利占比（有效专利量/三种状态专利总量）处于 26.84% 至 42.51% 之间，这可能是由于技术成熟度、成本收益等，大量 CCUS 领域专利处于"失活"状态。

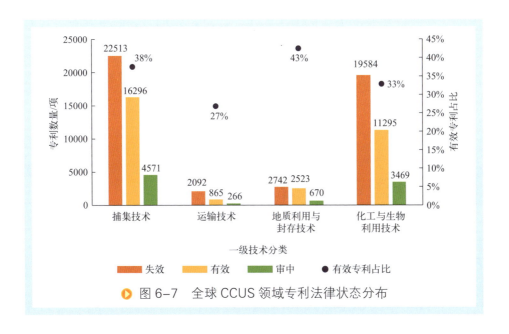

图 6-7 全球 CCUS 领域专利法律状态分布

碳捕集技术和化工与生物利用技术的专利数量均处于 CCUS 领域内的高位水平，其有效专利占比却低于碳地质利用与封存技术，进一步探究二者失效专利的具体情形，发现碳捕集技术失效专利中约 34% 是因期限届满失效（授权后失效），28% 左右的专利由于未缴年费而失效（授权后失效）；碳化工与生物利用技术专利中约39%的因期限届满失效，28%左右因未缴年费而失效。一定程度上能够说明这两个技术领域专利创造活动热度较高，但专利维持意愿不强（近30%的专利被放弃）。

6.1.8　小结

总体来看，全球CCUS领域专利技术研发具有一定的热度，创新成果较为丰富，CCUS相关技术发展态势可观。全球CCUS专利主要来源于中国、美国、日本，三国的相关创新主体在CCUS技术领域具有一定的领先优势，中国的科研院所以及大型国企、日本和美国的大型企业研发能力突出，积累了大量创新成果。全球CCUS专利主要布局市场为中国，专利运营方面主要集中于转让，许可和质押专利数量有限。从专利法律状态来看，全球碳捕集技术、碳运输技术、碳地质利用与封存技术、碳转化利用技术的有效专利占比均低于45%，大量专利处于"失活"状态。

6.2　中国专利态势分析

6.2.1　专利申请趋势

如图6-8中国CCUS专利申请时间趋势所示，中国自1985年开始有专利申请开始，CCUS领域专利申请数量整体上保持增长态势。2005年中国氢能专利申请超过100项，此后中国CCUS技术研发持续活跃。这与我国对CCUS技术与日俱增的重视程度紧密相关，如我国通过出台系列政策文件等举措合力推动CCUS技术的发展。2016年国家发展改革委、国家能源局印发了《能源技术革命创新行动计划（2016—2030年）》，在重点任务中就提出了"二氧化碳捕集、利用与封存技术创新",并绘制了其创新路线图,明晰了CCUS技术的发展蓝图。2017年,中国CCUS专利申请数量突破1000项,此后虽有小幅的波动,但在"十四五"开局之年,中国CCUS专利技术突破了2000项。

图6-8 中国CCUS专利申请时间趋势

截至2022年,中国CCUS专利年度申请数量达到2507项。总体来看,一系列相关政策体现了我国对CCUS技术发展的高度重视,促进了CCUS相关技术的研发热潮。2022年中国研发经费总投入超过3万亿元,基础研究经费总量首次突破2000亿元,鼓励研发和创新的大环境使得各类创新主体不断进入CCUS领域,一定程度上推动了中国专利申请量的持续增长。

6.2.2 专利技术来源地

图6-9为按照专利第一申请人所在省市统计的中国CCUS专利技术来源省份/直辖市前10的情况,从省市层面来看,各省份/直辖市CCUS专利技术研发热度均较高,中国CCUS专利申请主要来源于北京

市、江苏省和山东省。北京市专利申请数量达到2390项，占专利技术来源省份/直辖市前10提交总量的22.47%，江苏省也具有一定的领先优势，占比达到了17.79%，山东省CCUS专利数量也累计突破了1000项。从发明类型来看，中国CCUS专利技术来源省份/直辖市前10的CCUS专利技术大多为发明专利。其中，辽宁省CCUS发明专利量本省占比最高，达到了82.96%，上海市和北京市的占比也均超过了80%。一般来说，发明专利的授权难度较高，在创造性方面，发明专利要想获得授权，要求与现有技术相比，具有突出的实质性特点和显著的进步。因此，发明专利占比较高一定程度上说明其技术研发具有一定的难度和水平。

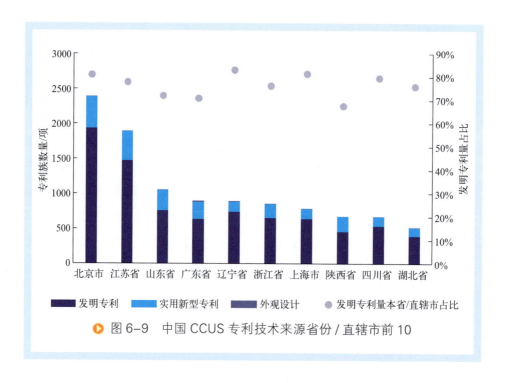

图6-9 中国CCUS专利技术来源省份/直辖市前10

结合图6-10中国CCUS专利技术来源省份/直辖市时序图能进一步看出，近年来很多省份、自治区、直辖市在CCUS专利技术研发方面的热度保持持续高涨，北京市、江苏省和山东省在"十三五"期间（2016—

2020年)的CCUS专利申请量分别是"十五"期间(2001—2005年)的18.87倍、25.67倍和27.25倍,"十四五"开局之年至今,这三个地区的专利申请数量已经初具规模,分别达到了各地"十三五"期间CCUS专利申请量的78.92%、72.60%、75.46%,这在一定程度上能够说明出这些地区在CCUS技术领域科技研发投入较多,具有良好的经济基础与创新能力。山东省近年来不断推进新旧动能转换,2022年8月,中国国内首个百万吨级CCUS项目在齐鲁石化投产,进一步助力山东省"双碳"目标的实现。辽宁省的CCUS专利申请量排名第五,紧随北京市、江苏省、山东省和广东省其后,这是由于辽宁省拥有中国科学院大连化学物理研究所、大连理工大学等科研院所和高校,以及恒力石化股份有限公司、大连船舶重工集团有限公司、中国石油天然气股份有限公司辽河油田分公司等一批大型知名企业,已初步形成了一支具研发、设计、制造和建设能力的CCUS科技队伍,具备CCUS产业全链条技术储备与工业应用潜力。

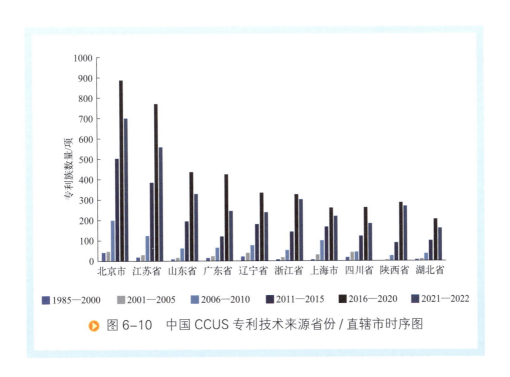

图6-10 中国CCUS专利技术来源省份/直辖市时序图

6.2.3 领先研发主体

领先研发主体是指检索时段中专利申请总量排名前 10 位的申请人。中国 CCUS 领域前 10 位专利申请人共产出相关专利 2588 项，如图 6-11 所示，主要为高校院所、大型国企等创新主体。其中，中国科学院排名第一，专利族数量达到了 717 项，占前 10 位申请人专利申请总量的 27.70%，中国石油化工股份有限公司紧随其后，专利族数量近 600 项，占比达到了 22.68%。石油天然气相关企业一直是 CCUS 相关项目的先行者，除中国石油化工股份有限公司外，中国石油天然气股份有限公司也在领先研发主体中占据 1 席，专利数量突破了 170 项。此外，中国领先研发主体中，高校占据 6 席，没有民营企业。这一定程度上体现出，目前国内 CCUS 专利技术发展可能面临着成本较高、市场化较不成熟等问题。

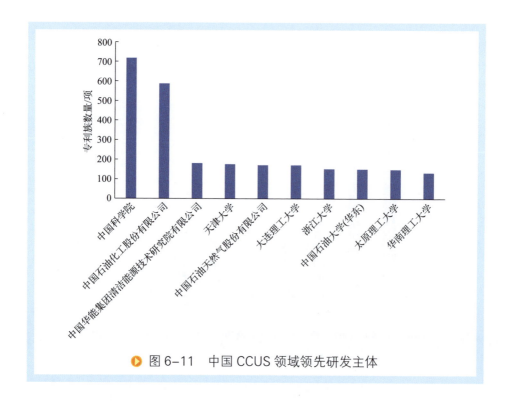

▶ 图 6-11 中国 CCUS 领域领先研发主体

6.2.4 专利技术构成

中国 CCUS 领域专利技术构成如图 6-12 所示，一级技术分为四类：捕集技术、运输技术、地质利用与封存技术、化工与生物利用技术。与全球 CCUS 专利技术构成相似，与捕集技术和化工与生物利用技术相关的专利数量最多，其中，捕集技术的相关专利有 7091 项，占比达到了 43.82%，其次为化工与生物利用技术相关专利，占比达到 39.07%。进一步探究捕集技术和化工与生物利用技术相关专利的来源情况，中国 CCUS 专利来源前 10 省份/直辖市这两类技术相关的专利申请量之和的占比分别达到了 68.19%、66.34%。来源于北京市的专利技术申请数量最多，这可能与北京市高校院所、创新型企业云集，科研实力较雄厚有关。

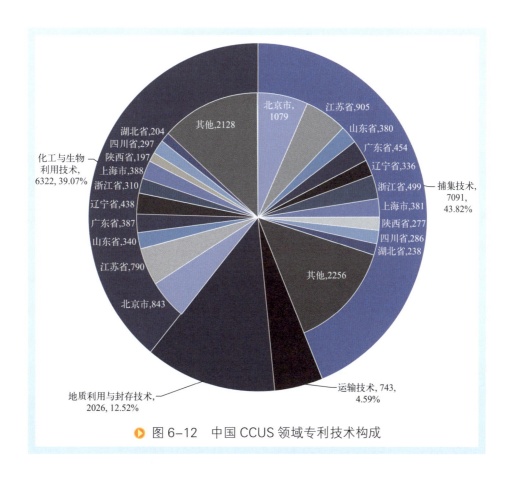

图 6-12 中国 CCUS 领域专利技术构成

6.2.5 专利布局情况

从中国CCUS领域专利分布来看，北京市、江苏省、山东省、广东省、辽宁省在CCUS各个技术环节均积极布局专利。北京市除运输技术（41项专利）外，在捕集技术、地质利用与封存及化工与生物利用技术方面的专利布局量均排名首位，分别达到了1245项、613项、1118项。北京市科技创新力量雄厚，在CCUS示范项目早期布局方面进行了有益探索（图6-13）。

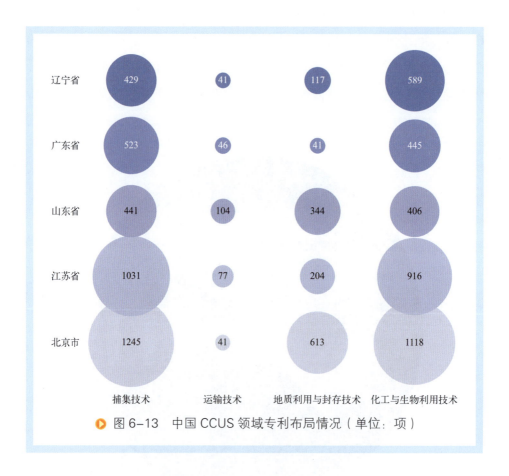

图6-13 中国CCUS领域专利布局情况（单位：项）

6.2.6 专利技术运营

中国CCUS领域专利技术运营主要集中于专利转让方面，如图6-14所示，四个一级技术分支发生转让的专利数量总计1668项（由于一项专利族可能包含多项专利，多项专利运营状态可能有所不同，因此本小节统计量采用未合并的专利项数），捕集技术和化工与生物利用技术领域发生转让、许可和质押的专利数量分别相当。

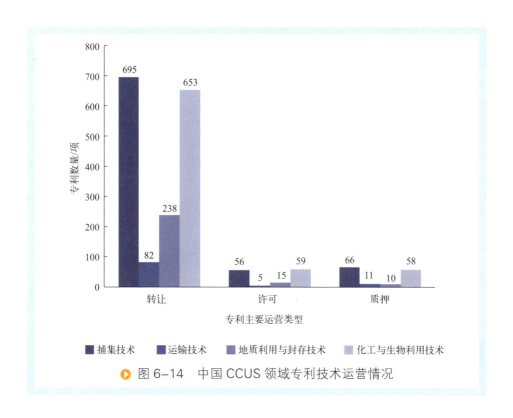

图 6-14 中国 CCUS 领域专利技术运营情况

6.2.7 专利法律状态

中国 CCUS 领域专利的法律状态如图 6-15 所示（由于一个专利族可能包含多项专利，多项专利法律状态可能有所不同，因此本小节统计量采用未合并的专利项数），仅统计了失效（包括没获得授权的专利申请和授权后失效的专利）、有效（专利申请获得授权且仍在专利保护期内的专利）、审中（仍在审查状态中的专利申请）三种明确状态的专利数量。从图 6-15 中可以发现不同于全球 CCUS 专利的法律状态分布，中国四个一级技术分支领域的专利中，有效专利数量均最多，且有效专利占比（有效专利量/三种状态专利总量）处于 50.70%～56.64% 之间，总体来看，中国 CCUS 专利法律状态较为活跃。进一步探究中国捕集技术、运输技术、地质利用与封存技术、化工与生物利用技术失效专利情况，发现四种技术的失效专利中，因未缴年费而失效的专利占比分别达到 46.57%、68.07%、47.85%、41.54%，一定程度上可能体现出中国专利申请人维持意愿不强，尤其是与运输技术相关的专利。

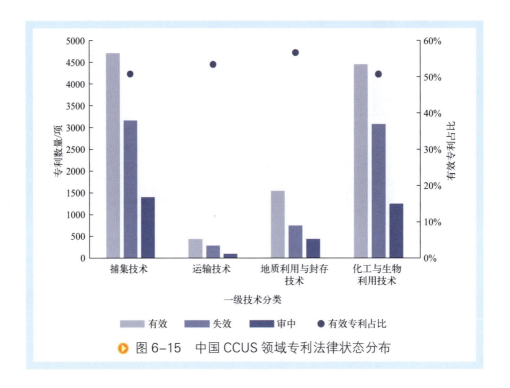

图 6-15 中国 CCUS 领域专利法律状态分布

6.2.8 小结

中国 CCUS 领域专利技术研发活跃，专利产出丰富，从申请趋势来看，中国 CCUS 相关技术处于持续活跃的阶段。中国 CCUS 专利主要来源于北京市、江苏省和山东省，相关创新主体在 CCUS 技术领域具有一定的领先优势，中国石油化工股份有限公司、中国石油天然气股份有限公司等大型国企和中国科学院、中国石油大学（华东）等高校院所研发活跃，积累了大量专利成果。中国专利运营方面主要集中于转让。从专利法律状态来看，不同于全球CCUS专利的法律状态分布，中国碳捕集技术、碳运输技术、碳地质利用与封存技术、碳转化利用技术的有效专利占比均高于50%。未来，随着CCUS相关产业建设的完善，政策、市场等环境进一步优化，技术转移、转化渠道不断通畅，中国CCUS大量有效专利能够得到运用实施，从而促进CCUS产业发展形成良好生态，助力中国生态文明建设和"双碳"目标的实现。

7

CCUS 论文分析

7.1 全球论文态势分析

截至 2022 年 12 月 31 日，研究人员基于 web of science 核心合集论文数据库，采用 science citation index expanded（SCIE）引文索引，通过总结有关碳捕集、碳封存和碳利用的关键词，参考已有文献的检索式进行主题检索，共检索到 32159 篇论文数据，基于此数据集进行全球论文态势分析。本节重点分析了全球 CCUS 技术领域文献的发文时间趋势、文献发表来源和研究方向分布等，旨在为 CCUS 领域的科技创新和研发布局提供有益参考。

7.1.1 发文时间趋势

从图 7-1CCUS 领域发文量随时间变化趋势中可以看出 CCUS 领域发文量的时间趋势与专利申请的时间趋势一致，大致可划分为三个时间段：1930—1994 年 CCUS 领域处于萌芽及诞生阶段，年论文发表数量从个位数波动增长至十位数；1994—2011 年，年论文发表数量逐步增长为 1000

篇左右；在第三个时间段即 2011 年后，发文量呈现快速增长，占总时间段发文量的 85% 左右。这同样是由于 CCUS 领域逐步受到各个国家政府机构和研究人员的重视，逐步出台了相关政策和标准支持领域的基础研究和工业应用。基于以上分析，CCUS 领域目前处于技术发展与社会环境相互碰撞的阶段，已进入场景化应用时代。

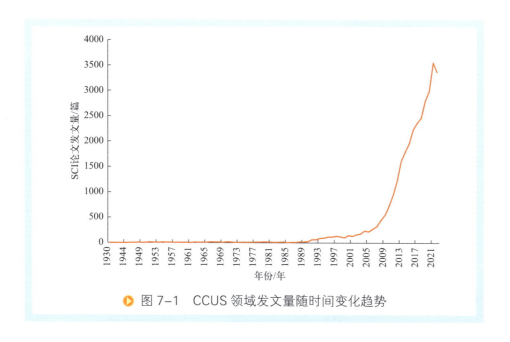

图 7-1　CCUS 领域发文量随时间变化趋势

7.1.2　文献发表来源

CCUS 领域发文量前 10 的国家见图 7-2，由美国和中国引领的 CCUS 领域论文区域分布特征明显。美国 1930—2022 年共产出论文 8771 余篇，居首位；中国以 7428 篇居其次；其后依次是英国、德国、澳大利亚等。分析人员采用 VOSviewer 软件构建可视化文献计量网络，该软件采用文本挖掘和可视化手段，根据从 web of science 数据库中导出的数据进行国家/地区间合作网络图（图 7-3）的绘制，并采用关联强度归一化法。从图 7-3 中可以看出 CCUS 领域国家/地区间的合作主要围绕美国、英国和中国三个国家展开，其次是德国、澳大利亚、荷兰及加拿大等。上述这些国家在 CCUS 技术研发布局等方面均处在国际前列。

图 7-2 CCUS 领域发文量前 10 的国家

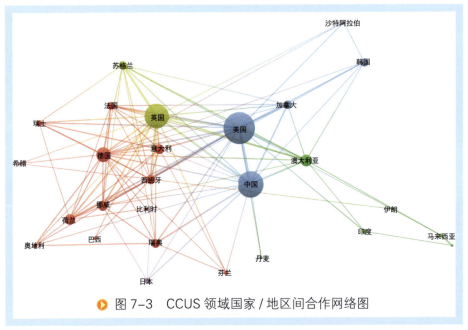

图 7-3 CCUS 领域国家/地区间合作网络图

图 7-4 为 CCUS 领域发文量前 5 的研究机构，发文量超过 1000 篇的机构共 3 家，中国科学院为该领域近二十年论文产出最多的机构，美国能源部仅次于中国科学院，最后是加州大学 1009 篇，表现突出。如图 7-5 所示为 CCUS 领域研究机构发文量前 50 中各国研究机构数量，其中美国研究机构占半数，中国研究机构中除中国科学院和中国科学院大

学以外还有清华大学、浙江大学、中国石油大学、天津大学。综合来看，我国虽已具备了开展国际竞争的能力，但目前在 CCUS 领域整体上仍然处于发展中阶段，未来应积极加快布局 CCUS 领域研究，争取抢占一席之地。

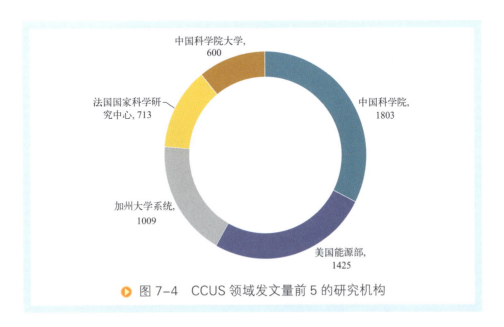

图 7-4 CCUS 领域发文量前 5 的研究机构

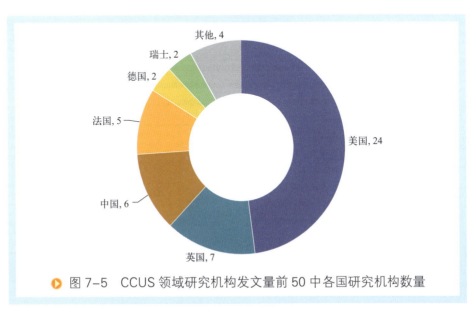

图 7-5 CCUS 领域研究机构发文量前 50 中各国研究机构数量

7.1.3 研究方向分布

CCUS 领域涉及研究方向众多，研究者往往根据具体需要来考察相应研究方向。分析人员将检索到的论文数据集按照 web of science 类别进行统计，得到 CCUS 领域 SCI 论文发文量前 10 的研究类别和发文量，如图 7-6 所示。可以看出 SCI 论文目前主要集中于能源、化学、环境等方向，覆盖了数据集论文的 60% 以上，具备较好的区分度。

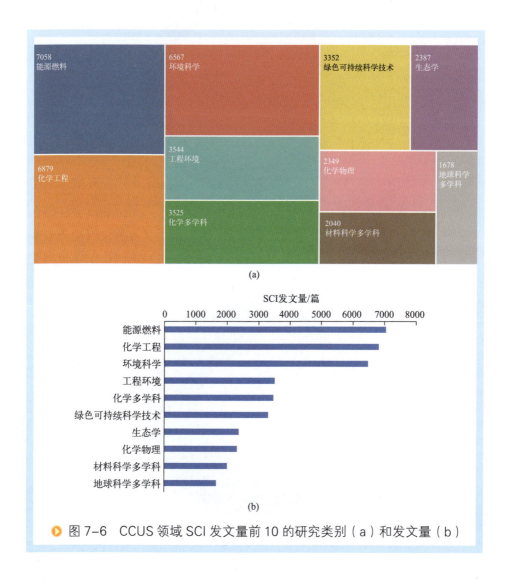

▶ 图 7-6　CCUS 领域 SCI 发文量前 10 的研究类别（a）和发文量（b）

CCUS 领域 SCI 发文量前 10 的期刊和发文量如图 7-7 所示，发文期刊基本上都是能源领域的研究期刊，排名第一的期刊《国际温室气体控制杂志》为 CCUS 领域的专属期刊，其主要关注碳捕获、运输、利用和封存。除此之外捕集与利用的文献大部分发表在与能源和化工相关的期刊杂志，封存相关的研究工作发表在与环境、生态相关的期刊杂志。

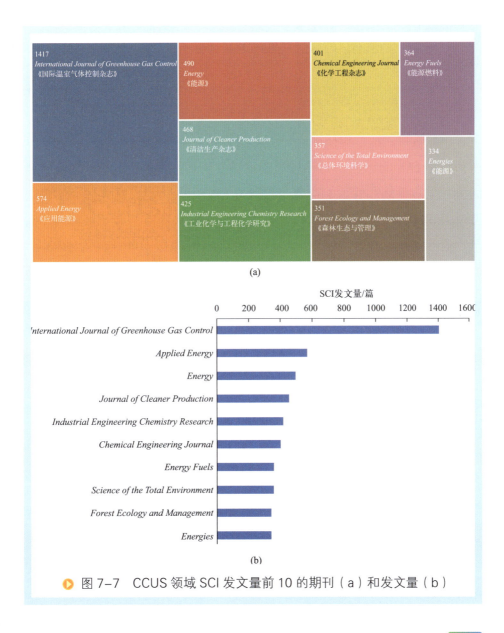

图 7-7　CCUS 领域 SCI 发文量前 10 的期刊（a）和发文量（b）

整个 CCUS 领域的文献中主要涉及以下内容：

在捕集环节包括与使用化学溶剂、固体吸附剂、化学循环、钙循环、膜和膜反应器以及混合系统、PSA、低温等的大规模 CO_2 捕获系统相关的新研究成果；发电厂、水泥和钢铁厂、炼油厂、石油化工和其他大型工业的 CO_2 捕获过程（燃烧后、预燃烧、氧燃烧）的进展；从实验室规模到演示的试验级实验结果，以及扩大规模的相关建模工作；CO_2 捕集过程模拟及动态建模；成本分析和成本降低策略；捕获设施的环境影响或风险、安全和生命周期评估。

在运输环节包括运输系统的设计和材料或技术问题、输送系统的经济分析和系统级优化、风险评估和安全问题、许可和监管问题。

在地质封存环节包括地质构造或储量评估、源汇匹配、选址和特征、模拟封存 CO_2 的影响、封存场地的完整性（盖层和井）、测试注入研究结果、风险评估和管理、监测工具开发和应用、环境影响评估、示范项目成果和运营经验、诱发地震、压力维持、盐水置换、地下水影响、监测和核查问题。

采用 VOSviewer 软件构建可视化文献计量网络，该软件采用文本挖掘和可视化手段从 web of science 数据库中导出的数据集中提取重要的关键词，得到共现可视化网络，可直观展示各关键词间的联系密切程度，反映研究领域中的热点主题和发展趋势。此外结合时间维度可以用来考察研究领域内出现的新主题以及研究方向的时域变化。分析人员选取被引频次较高的前 3000 篇文献样本进行主题词分布的研究，图 7-8 为 CCUS 领域高被引论文关键词共现网络可视化图，选取了共现频次较高的关键词进行分析。颜色的深浅代表热点研究的时间段，越接近黄色表明越靠近当前的研究热点，从图 7-8 中可以看出，研究热点逐步从捕集、封存泄漏、风险评价、封存监测、环境影响等发展为 BECCS、负排放技术、技术经济性分析及全生命周期分析等。

综上所述，从时间尺度来看，未来可以预见的是 CCUS 领域的发文量会越来越多，涉及的领域范围也会越来越广，研究会越来越深入，未

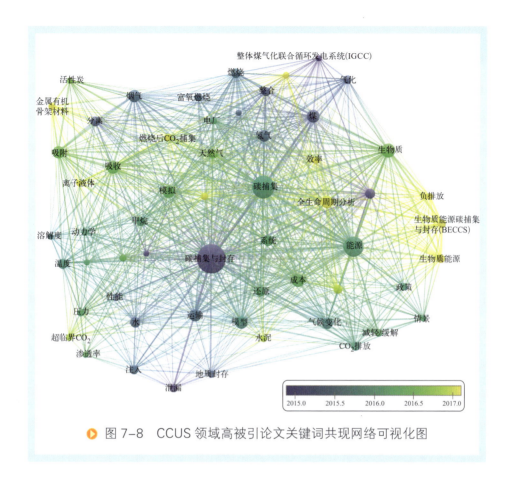

图 7-8 CCUS 领域高被引论文关键词共现网络可视化图

来将在碳捕集技术、碳资源高效转化利用技术、长距离运输技术、CO_2 地下封存模拟及安全性监测等方面有颠覆性进展。中国在CCUS的技术研发和产业应用方面虽然起步较晚，经过十余年的快速发展，在CCUS各技术环节均取得了显著进展，在相关战略规划及法规制度建设、技术研发方面还有待进一步发展。未来还需要大力投资CCUS技术研发与创新，以降低CCUS成本。成本的降低是实现CCUS大规模商业化发展的关键因素，美国、日本等国家设有专门的CCUS研发计划并进行了持续的研发投入以降低成本。此外还要加强国际合作，深化与美国、英国等主要国家的合作机制，充分借鉴国外先进大规模全流程CCUS项目示范经验，加快我国CCUS发展进度。

7.2 中国论文态势分析

本节分析对象选取中国知网 CNKI 中 SCI、EI、北大核心、CSSCI、CSCD、AMI 数据库作为文献来源，采用专业检索，时间范围截至 2022 年 12 月 31 日，语种为中文，文献类型选择学术期刊论文，通过设定合适的检索式，得到 5225 条检索结果，基于此数据集进行分析。本节重点探讨了中国 CCUS 技术领域论文的发文时间趋势、文献发表来源以及研究方向分布等内容。

7.2.1 发文时间趋势

由图 7-9 中国 CCUS 领域发文量随时间变化趋势图可以看出，我国 CCUS 相关的论文较早出现在 1990 年，共 5 篇。前期发文数量很少，2008 年开始逐渐攀升，经过一个平台期后于 2020 年以后呈爆发式增长趋势。值得注意的是，2009 年发文量增加，一个较大影响因素可能是 2009 年 12 月哥本哈根世界气候大会的召开，这次大会激发了国内学者对相关研究的热情。2020 年发文量的爆发式增长则与 2020 年 9 月以来国家主席就碳达峰、碳中和发表了多次讲话，高度重视实现"双碳"领域相关技术的研发有关。

7.2.2 文献发表来源

图 7-10 展示了国内 CCUS 领域发文量前 10 的研究机构。清华大学、华中科技大学、东南大学、中国石油大学（华东）、天津大学、浙江大学等研究机构在氢能技术研发上有较大的投入。图 7-10 中没有相关企业，说明国内 CCUS 技术研发大多为高校与科研院所主导，产学研合作在一定程度上还有待提高。

▶ 图 7-9 中国 CCUS 领域发文量随时间变化趋势

▶ 图 7-10 中国 CCUS 领域发文量前 10 的研究机构

图 7-11 展示了国内 CCUS 领域发文量前 10 的期刊，主要分布在与化工、催化、电力等相关专业。发文数量最多的期刊为《化工进展》与《化工学报》等中国化工领域综合性学术期刊，涵盖了化学工程、材料科

7 CCUS 论文分析　165

学、化学、生物工程、化工过程等研究领域。

图 7-11 中国 CCUS 领域发文量前 10 的期刊

7.2.3 研究方向分布

按照中国知网检索主题对应的学科分布，得到如图 7-12 所示的中国 CCUS 领域发文量前 10 的学科分布。其中，发文量占比最高的学科是环境科学与资源利用，达到了 45%。该学科类别下的论文包含环境科学、社会与环境、环境保护管理、环境污染及其防治、废物处理与综合利用、环境质量评价与环境监测等学科的各类文献，均与 CCUS 领域的背景相关度极高。

采用 VOSviewer 软件进行关键词聚类分析，并采用关联强度归一化法，得到关键词共现可视化网络图，图 7-13 为中国 CCUS 领域高被引论文关键词共现网络可视化图。从图中可以看出，研究主题大致可以概括为捕集、利用与封存三部分，捕集环节的研究热点包括基于有机胺、离子液体的化学吸收，变压吸附以及膜分离等，利用环节主要涉及驱油与地质封存等，此外在 CCUS 全流程技术中均关注其能耗和经济性等指标，对各项技术的理论研究和数值模拟等领域也被囊括其中。

图 7-12 中国 CCUS 领域发文量前 10 的学科分布

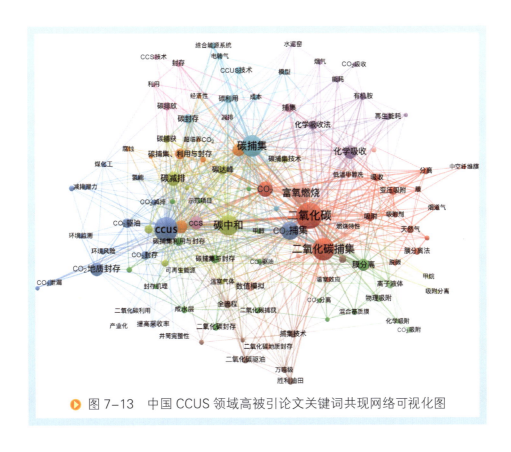

图 7-13 中国 CCUS 领域高被引论文关键词共现网络可视化图

7 CCUS 论文分析

8 CCUS产业挑战、产业模式及发展建议

8.1 CCUS产业挑战

CCUS技术作是实现"双碳"目标不可或缺的技术选择，我国已在技术研发和工程应用等方面具备了一定的研究和储备基础，但目前仍然处于研发和示范阶段，在大规模产业化应用推广方面存在许多挑战，对我国在CCUS领域的发展作如下SWOT分析（图8-1）。具体而言，我国在CCUS的产业发展方面仍将面临如下挑战：

在技术发展方面，我国已在CCUS技术研发方面取得了长足的进展，但仍然面临许多技术共性问题，如捕集技术能耗和成本较高，驱油利用及地质封存的理论体系有待进一步研究，封存周期内的安全监测和评估技术体系尚未建立等。我国已经形成了多种CO_2捕集技术工艺路线，探索了多种CO_2资源化利用转化路线，示范了多种类型的地质利用与封存方式，但这些技术大部分处于实验室研究或工业示范阶段。

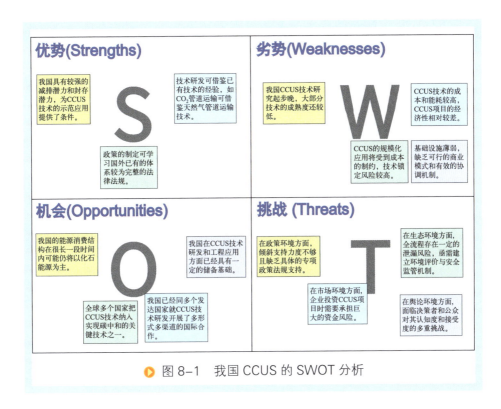

> 图 8-1 我国 CCUS 的 SWOT 分析

在行业发展方面，国内已有的 CCUS 示范项目应用大多以石油、煤化工、电力等行业为主，钢铁、水泥等难减排行业的示范应用少，CO_2 管道输送、化工合成及生物转化等工程研究处于起步阶段。同时我国地质封存场地复杂，封存潜力和安全性存在一定的不确定性，相关配套的监测和安全管理体系有待进一步完善。

在产业化机制方面，CCUS 项目很难实现跨行业协作，缺乏协调有效的跨行业协作机制，存在许多行业壁垒。CCUS 产业链涉及行业众多，碳捕集和碳利用封存的场地大都属于不同行业，因此目前存在源汇匹配共享、权责分配、知识产权归属、利益分配等多种挑战，进一步限制了 CCUS 产业的大规模应用。

在国家政策与标准规范方面，目前国家部门已出台了一系列政策规划及行动计划，全国各省均已规划了 CCUS 项目，由于 CCUS 产业涉及地理位置和空间布局，目前尚未研究将 CCUS 技术研发、源汇匹配、跨行业工程应用、政策法规等产业关键因素统筹协调起来的专项产业发展规划，以便从顶层设计角度合理规划 CCUS 产业。同时由于 CCUS 示范项目少，缺乏相关的权威技术标准，存在已形成的针对不同环节的标准无法贯通应用等问题。

在风险控制方面，首先，CCUS 面临着一定的生态环境风险，在 CCUS 各个技术环节都存在一定的泄漏风险，CO_2 长期地下封存也有较大的潜在环境风险，环境责任和成本风险将导致后续企业融资困难，因此应关注封存后的监测义务和责任转移制度；其次，CCUS 项目面临一定的油价或碳价等价格风险，现有 CCUS 项目大多通过驱油等实现经济收益，项目盈利受油价、气价的影响较大；最后，CCUS 项目不仅时间跨度长而且涉及空间范围广，因此涉及权属风险。从运输阶段管道占地到封存阶段厂址占有使用等都会涉及所有权或使用权问题，尤其是地下存储空间使用权、注入存储空间的 CO_2 所有权等，海上 CCUS 项目还须考虑到用海相关问题。

8.2 CCUS产业模式

8.2.1 产业驱动模式

目前，国内外 CCUS 产业发展的驱动模式主要有以下 5 种，分别为：政府及公共基金、国家激励政策、税收（碳税）、强制性减排政策及碳交易等（图 8-2）。其中，激励政策包括政府或组织机构投资补贴、税收减免和政府对投资贷款的担保等。将产业驱动模式大致分为两类，一类是直接资金支持；第二类是与 CCUS 碳减排价值相关的激励政策，主要包括碳中和政策、碳交易市场、碳税反向激励、税收抵免等。目前 CCUS 项目大多处于研发和示范阶段，其主要的驱动力来源于政府的资金支持、国家激励政策以及税收等。未来随着 CCUS 产业的快速发展，进入大规模工业化推广和商业化运行阶段后，强制性减排与碳交易市场可能成为主要的驱动因素。

图 8-2　CCUS 产业驱动模式激励政策

8.2.2　商业模式

（1）垂直整合模式

垂直整合 CCUS 商业模式见图 8-3，该模式适用于中国国有企业或高度一体化的能源集团，这种商业模式将捕集、运输、利用和封存视为一个整体，避免了与不同部门之间同步工作的问题，也有助于消除交易成本。该模式的收入包括 CO_2 利用的收入、政府对 CO_2 封存的直接补贴和在碳市场上销售额外碳配额的收入。目前运用该模式的 CCUS 项目有延长石油 CCUS 项目和中石化 CCUS 项目等。

（2）合资企业模式

合资企业 CCUS 商业模式见图 8-4，在该模式下，CO_2 从第三方拥有的工业或发电厂被捕集，运输至同样由第三方公司拥有的封存或利用场地。该模式的项目收入来自 CO_2 的销售，而不是来自使用，其中 CO_2 用户可以决定购买可供使用的 CO_2 的比例，其余用于封存。不同部门之间的合作是该类 CCUS 项目成功的关键。采用合资企业商业模式的 CCUS 项目包括美国 Quest 项目、挪威 Snohvit 项目。

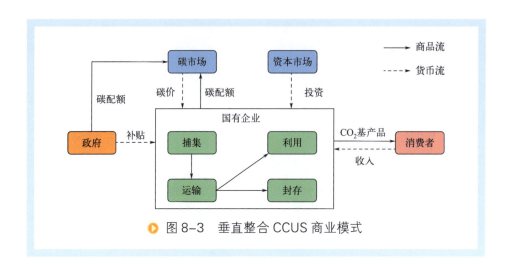

图 8-3 垂直整合 CCUS 商业模式

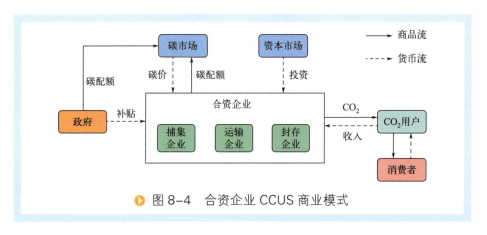

图 8-4 合资企业 CCUS 商业模式

（3）运营商模式

CCUS 运营商模式见图 8-5，该模式是 CCUS 发展中最具潜力的商业模式，其中主要实体是 CCUS 运营商。工业或电力公司与具有高技术和工程能力的第三方合作，第三方将以商定的费用，评估使用不同的利用或封存方式，并负责运输 CO_2。该模型的各方包括工业或电力公司、CCUS 运营商和 CO_2 用户，运营商通过向政府提供直接补贴的形式或销售碳信用证和 CO_2 获得收入，CO_2 用户可以通过以折扣价格购买 CO_2 来节省其生产成本。采用运营商模式的 CCUS 项目的例子包括美国大平原合成燃料厂和美国伊尼德肥料 CO_2-EOR 项目。

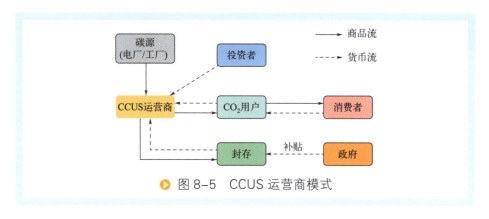

图 8-5 CCUS 运营商模式

（4）运输商模式

CCUS 运输商模式见图 8-6，在此模式下，第三方只负责 CCUS 产业链的运输部分。该工业或电力公司负责捕集 CO_2，并从 CO_2 的销售和交易碳信用额中产生收入。运输公司支付运输设备及其运维的成本；CO_2 用户支付 CO_2 采购成本以及与使用或存储设备及其运维相关的成本，从封存补贴和已购买的 CO_2 的折扣价格中获得收益。与运营商模式相比，CO_2 运输公司和工业公司承担的风险相对较低。使用运输商模式的 CCUS 项目的例子包括 Val Verde 天然气厂和 the Shute Greek 项目。

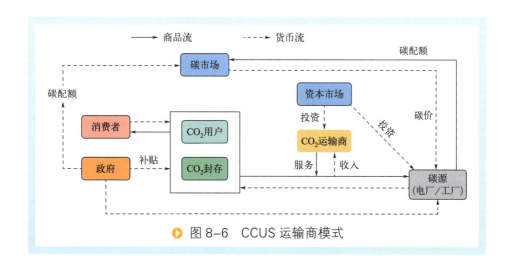

图 8-6 CCUS 运输商模式

8.3 CCUS产业发展建议

8.3.1 技术研发和产业发展方面

（1）加大CCUS技术研发投入，加快成本及能耗的降低

针对CCUS的捕集、运输、利用、封存及监测等各个环节开展核心技术攻关；超前部署新一代低成本、低能耗CCUS技术研发，发展与新能源耦合的负排放技术；争取在碳中和时期前实现新一代捕集技术的商业化应用和新型利用技术的商业化推广。

（2）开展大规模CCUS全流程示范项目

我国已经开展的CCUS示范项目规模较小，缺少全流程一体化、经济效益明显的大规模（百万吨甚至千万吨级）示范项目。将目前已商业化的捕集技术应用于高浓度排放源，并与地质、化工、生物等较为成熟的利用技术相结合，推动形成种类多样化、附加值较高的终端商业产品。

（3）开展CCUS产业集群化建设

CCUS产业集群的建设必须基于完善的基础设施条件，因此需要加大对运输管网建设和共享封存基础设施的投资力度，建立CCUS集输枢纽网络体系。此外注重现有资源的整合，完善升级现有设施，以基础设施合作共享带动形成具有新兴业态的CCUS产业促进中心。

（4）建立多产业协作机制

建立CCUS成本、效益和责任分担机制，将CCUS全产业链带来的责、权、利在各环节及各企业部门间进行合理分担和分配，强化行业部门协调推进CCUS产业化的政策体系建设，推动关键共性技术、前沿技术联合攻关及知识产权整合，促进全产业链CCUS项目多产业有效协作及多产业链模式的建立。

（5）加强国际合作与交流

通过组织国际交流和合作论坛等形式，借鉴国外先进的研究机构，创立CCUS知识体系，缩短我国CCUS技术的研发周期。与国际合作平台合作建设CCUS项目，积累先进的工程技术经验，进一步创新引领国

际合作机制。

8.3.2　配套政策标准方面

（1）建立 CCUS 财税激励政策

CCUS 作为一种重要的碳减排技术，应享有与可再生能源和其他低碳清洁能源技术同等的配套政策支持，充分借鉴发达国家的先进经验及做法，探索制定适合我国 CCUS 产业的财税激励政策，降低减碳固碳成本，增加经济效益，提高企业积极性和主动性。

（2）建立 CCUS 标准规范体系及管理制度

方法和标准体系建设是实现 CCUS 产业化、规范化发展的重要环节，加强建立覆盖 CO_2 捕集、输送、封存、监测评价、减排核查、全生命周期管理等各环节的专项系列标准规范，实现信息经验共享，指导工程建设实施；明确 CCUS 不同阶段 CO_2 的属性、地质封存空间使用权、长期安全监管责任等，从规范管理上降低企业风险。

（3）将 CCUS 纳入碳排放交易体系

制定配套制度及方法，合理进行配额分配，明确 CCUS 项目立项审批程序，明晰全生命周期减排量，建立完善的 CCUS 减排量核查、监管及碳价格机制等，实现核证减排额在国际、国内碳市场上的交易，从而为开展 CCUS 的企业带来一定经济收入，消纳部分固碳成本。

（4）建立良好的 CCUS 金融生态

CCUS 是投资风险较大的资本密集型新型低碳技术，合理有效的 CCUS 投融资渠道对产业发展具有至关重要的作用。构建以国家财政融资为核心的多元投融资系统，形成良好的 CCUS 金融生态，可以加快其产业良性发展。

8.3.3　区域规划布局方面

（1）发挥已有能源体系优势

我国能源结构的地理分布：大型煤炭能源基地大多位于西北部，煤炭开发利用向西部集中的趋势明显；西北部的咸水层地质构造、石油资源也分布广泛。碳源和封存场地的地域重合为实现源汇匹配、缩短输送距离、发挥 CCUS 的规模效应和集聚效应提供了更加便利的条件。

（2）规划布局工业集群和基础设施建设

在源汇匹配条件较好的区域建设 CCUS 工业集群，如陕西榆林。建议在鄂尔多斯盆地、准噶尔-吐哈盆地、四川盆地、渤海湾盆地、珠江口盆地等地质封存条件较好的区域，积极探索建设以 CCUS 技术为基础的零碳/负碳示范区，推动 CCUS 产业化、规模化发展。加大对基础设施的投资力度，建立合作共享机制，立足新疆准噶尔盆地产业促进中心逐步完善基础设施建设。CCUS 产业集成概念框架如图 8-7 所示。

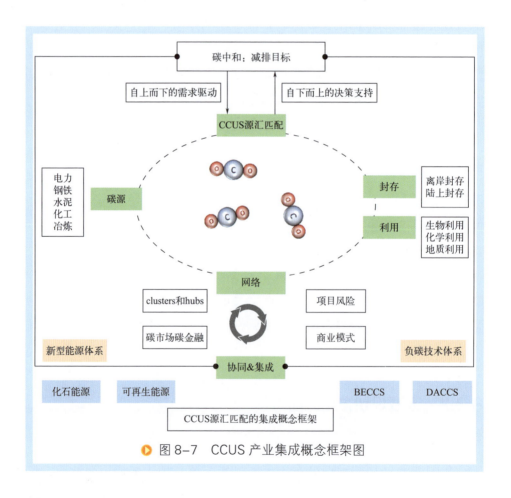

图 8-7 CCUS 产业集成概念框架图

参考文献

[1] 何建坤. 碳达峰碳中和目标导向下能源和经济的低碳转型[J]. 环境经济研究, 2021, 6(1): 1-9.

[2] 何建坤.《巴黎协定》后全球气候治理的形势与中国的引领作用[J]. 中国环境管理, 2018, 10(1): 9-14.

[3] 何建坤. 全球气候治理形势与我国低碳发展对策[J]. 中国地质大学学报(社会科学版), 2017, 17(5): 1-9.

[4] 刘婧, 王娜, 程凡, 等. 加速迈向碳中和之碳捕集、利用与封存技术[J]. 张江科技评论, 2021, (6): 11-13.

[5] 赵志强, 张贺, 焦畅, 等. 全球CCUS技术和应用现状分析[J]. 现代化工, 2021, 41(4): 5-10.

[6] 张九天, 张璐. 面向碳中和目标的碳捕集、利用与封存发展初步探讨[J]. 热力发电, 2021, 50(1): 1-6.

[7] XIE H, LI X, FANG Z, et al. Carbon geological utilization and storage in China: current status and perspectives[J]. Acta geotechnica, 2014, 9(1): 7-27.

[8] 黄晶, 马乔, 史明威, 等. 碳中和视角下CCUS技术发展进程及对策建议[J]. 环境影响评价, 2022, 44(1): 42-47.

[9] 蔡博峰, 李琦, 张贤. 中国CO_2捕集利用与封存(CCUS)年度报告(2021)——中国CCUS路径研究[R]. 北京: 生态环境部环境规划院, 中国科学院武汉岩土力学研究所, 中国21世纪议程管理中心, 2021.

[10] 曲建升, 陈伟, 曾静静, 等. 国际碳中和战略行动与科技布局分析及对我国的启示建议[J]. 中国科学院院刊, 2022, 37(4): 444-458.

[11] 陈其针, 仲平, 张贤, 等. 中国碳捕集利用与封存技术评估报告[M]. 北京: 科学出版社, 2021.

[12] OH S Y, BINNS M, CHO H, et al. Energy minimization of MEA-based CO_2 capture process[J]. Applied energy, 2016, 169: 353-362.

[13] HO M T, ALLINSON G W, WILEY D E. Reducing the cost of CO_2 capture from flue gases using pressure swing adsorption[J]. Industrial & engineering chemistry research, 2008, 47(14): 4883-4890.

[14] YUAN Z, EDEN M R, GANI R. Toward the development and deployment of large-scale carbon dioxide capture and conversion processes[J]. Industrial

& engineering chemistry research，2016，55(12)：3383-3419.

[15] 马利海，张建利，郭庆杰. 化学链燃烧 CO_2 捕集与活化耦合技术研究进展[J]. 宁夏工程技术，2022，21(1)：28-33.

[16] 王金星，孙宇航. 化学链燃烧技术的研究进展综述[J]. 华北电力大学学报(自然科学版)，2019，46(5)：100-110.

[17] KEITH D W，HOLMES G，ANGELO D S，et al. A process for capturing CO_2 from the atmosphere[J]. Joule，2018，2(8)：1573-1594.

[18] 赵倩，丁干红. 甲烷 CO_2 重整工艺研究及经济性分析[J]. 天然气化工(C1化学与化工)，2020，45(4)：71-75.

[19] POWER I M，WILSON S A，DIPPLE G M. Serpentinite carbonation for CO_2 sequestration[J]. Elements，2013，9(2)：115-121.

[20] SANNA A，UIBU M，CARAMANNA G，et al. A review of mineral carbonation technologies to sequester CO_2[J]. Chemical society reviews，2014，43(23)：8049-8080.

[21] 雷宏武. 增强型地热系统(EGS)中热能开发力学耦合水热过程分析[D]. 长春：吉林大学，2014.

[22] XIE H，JIANG W，LIU T，et al. Low-energy electrochemical carbon dioxide capture based on a biological redox proton carrier[J]. Cell reports physical science，2020，1(5).

[23] XIE H，GAO X，LIU T，et al. Electricity generation by a novel CO_2 mineralization cell based on organic proton-coupled electron transfer[J]. Applied energy，2020，261.

[24] JI L，YU H，LI K，et al. Integrated absorption-mineralisation for low-energy CO_2 capture and sequestration[J]. Applied energy，2018，225：356-366.

[25] 李亦易，卓锦德. CO_2 捕集-利用一体化技术[C]//《环境工程》编辑部. 中国环境科学学会2019年科学技术年会——环境工程技术创新与应用分论坛论文集(四). 北京：中国会议，2019.

[26] KHURRAM A，HE M，GALLANT B M. Tailoring the discharge reaction in Li-CO_2 batteries through incorporation of CO_2 capture chemistry[J]. Joule，2018，2(12)：2649-2666.

[27] ZHOU Z，SUN N，WANG B，et al. 2D-layered Ni-MgO-Al_2O_3 nanosheets

for integrated capture and methanation of CO_2[J]. ChemSusChem, 2020, 13(2): 360-368.

[28] 李桂菊, 张军, 李小春, 等. CO_2 捕集与封存技术路线图解析与启示 [J]. 科技管理研究, 2012, 32(7): 17-19+36.

[29] 科技部社会发展科技司, 中国 21 世纪议程管理中心. 中国碳捕集利用与封存技术发展路线图 (2019)[M]. 北京: 科学出版社, 2019.

[30] 杨晴, 孙云琪, 周荷雯, 等. 我国典型行业碳捕集利用与封存技术研究综述 [J]. 华中科技大学学报 (自然科学版), 2023, 51(1): 101-110+145.

[31] DAI Z, DENG L. Membrane absorption using ionic liquid for pre-combustion CO_2 capture at elevated pressure and temperature[J]. International journal of greenhouse gas control, 2016, 54: 59-69.

[32] USMAN M, DAI Z, HILLESTAD M, et al. Mathematical modeling and validation of CO_2 mass transfer in a membrane contactor using ionic liquids for pre-combustion CO_2 capture[J]. Chemical engineering research and design, 2017, 123: 377-387.

[33] QADIR A, SHARMA M, PARVAREH F, et al. Flexible dynamic operation of solar-integrated power plant with solvent based post-combustion carbon capture(PCC)process[J]. Energy conversion and management, 2015, 97: 7-19.

[34] MUHAMMAD H A, SULTAN H, LEE B, et al. Energy minimization of carbon capture and storage by means of a novel process configuration[J]. Energy conversion and management, 2020, 215: 112871.

[35] GONZÁLEZ-SALAZAR M A. Recent developments in carbon dioxide capture technologies for gas turbine power generation[J]. International journal of greenhouse gas control, 2015, 34: 106-116.

[36] 成鹏飞, 李鹏飞, 胡帆, 等. 煤粉无焰富氧燃烧的数值模拟方法进展 [J]. 洁净煤技术, 2021, 27(2): 45-56.

[37] WU F, ARGYLE M D, DELLENBACK P A, et al. Progress in O_2 separation for oxy-fuel combustion-a promising way for cost-effective CO_2 capture: A review[J]. Progress in energy and combustion science, 2018, 67: 188-205.

[38] ZHAO R, ZHANG Y, ZHANG S, et al. The full chain demonstration

project in China——status of the ccs development in coal-fired power generation in guoneng jinjie[J]. International journal of greenhouse gas control,2021,110:103432.

[39] 樊强,许世森,刘沅,等.基于IGCC的燃烧前CO_2捕集技术应用与示范[J].中国电力,2017,50(5):163-167.

[40] KEARNS D L H, CONSOLI C. Technology readiness and costs of CCS[R]. Melbourne:Global CCS Institute,2021.

[41] 邢奕,崔永康,田京雷,等.钢铁行业低碳技术应用现状与展望[J].工程科学学报.2022,44(4):801-811.

[42] ZHANG X, FAN J L, WEI Y M. Technology roadmap study on carbon capture, utilization and storage in China[J]. Energy Policy,2013,59:536-550.

[43] 薛英岚,张静,刘宇,等."双碳"目标下钢铁行业控煤降碳路线图[J].环境科学,2022,43(10):4392-4400.

[44] 宋清诗,张永杰,陈国军.高炉煤气碳捕获技术浅析[J].宝钢技术,2017,(3):53-58.

[45] 郭玉华,周继程.中国钢化联产发展现状与前景展望[J].中国冶金,2020,30(7):5-10.

[46] 刘含笑,吴黎明,赵琳,等.钢铁行业CO_2排放特征及治理技术分析[J].烧结球团,2022,1:38-47.

[47] 罗晔,王超.韩国浦项制铁公司的CO_2捕集与封存技术[J].环境保护与循环经济,2016(12):29-32.

[48] 周文涛,胡俊鸽,郭艳玲,等.浦项钢铁公司大力开发低碳钢铁工艺技术和产品[J].世界钢铁,2012,12(6):60-65.

[49] 魏侦凯,郭瑞,谢全安.日本环保炼铁工艺course50新技术[J].华北理工大学学报(自然科学版),2018,40(3):26.

[50] 毛艳丽,曲余玲,李博,等.钢厂烟气CO_2捕捉技术的开发及其应用前景分析[J].钢铁,2016,51(8):6-10.

[51] 金鹏,姜泽毅,包成,等.炉顶煤气循环氧气高炉的能耗和碳排放[J].冶金能源,2015,34(5):11-18.

[52] 朱淑瑛,刘惠,董金池,等.中国水泥行业CO_2减排技术及成本研究[J].环境工程,2021,39(10):15-22.

[53] ZHANG C Y, YU B, CHEN J M, et al. Green transition pathways for cement industry in China[J]. Resources, conservation and recycling, 2021, 166: 105355.

[54] 白玫. 中国水泥工业碳达峰、碳中和实现路径研究[J]. 价格理论与实践, 2021(4): 4-11+53.

[55] 陈永波. 水泥行业首条烟气CO_2捕集纯化(CCS)技术的研究与应用[J]. 新世纪水泥导报, 2019, 25(3): 6-7+95.

[56] 韩乐静. 浅析水泥生产与碳捕集一体化新技术[J]. 新世纪水泥导报, 2014(6): 17-19.

[57] 黄云, 彭虹艳, 富经纬等. 微藻光合减排燃煤电厂烟气CO_2及资源化利用研究进展[J]. 洁净煤技术, 2022, 28(9): 55-68.

[58] LI J, THARAKAN P, MACDONALD D, et al. Technological, economic and financial prospects of carbon dioxide capture in the cement industry[J]. Energy policy, 2013, 61: 1377-1387.

[59] VATOPOULOS K, TZIMAS E. Assessment of CO_2 capture technologies in cement manufacturing process[J]. Journal of cleaner production, 2012, 32: 251-261.

[60] YLÄTALO J, PARKKINEN J, RITVANEN J, et al. Modeling of the oxy-combustion calciner in the post-combustion calcium looping process[J]. Fuel, 2013, 113: 770-779.

[61] CORMOS C C. Decarbonization options for cement production process: a techno-economic and environmental evaluation[J]. Fuel, 2022, 320.

[62] CORMOS C C, CORMOS A M, PETRESCU L. Assessing the CO_2 emissions reduction from cement industry by carbon capture technologies: conceptual design, process integration and techno-economic and environmental analysis[J]. Computer aided chemical engineering, 2017(40): 2593-2598.

[63] Hills T P, Sceats M, Rennie D, et al. LEILAC: Low cost CO_2 capture for the cement and lime industries[J]. Energy procedia, 2017, 114: 6166-6170.

[64] 吴涛, 桑圣欢, 祁亚军, 等. 水泥厂碳捕集工艺技术[J]. 水泥技术, 2020(4): 90-95.

[65] 王亚奇. 固体氧化物电解池共电解H_2O/CO_2概述[J]. 山东化工, 2019,

48(10)：90-91+93.

[66] 许毛，张贤，樊静丽，等. 我国煤制氢与CCUS技术集成应用的现状、机遇与挑战[J]. 矿业科学学报，2021，6(6)：659-666.

[67] 徐冬，孙楠楠，张九天，等. 通过耦合碳捕集、利用与封存实现低碳制氢的潜力分析[J]. 热力发电，2021，50(10)：53-61.

[68] LI Q，LIU G，CAI B，et al. Public awareness of the environmental impact and management of carbon dioxide capture，utilization and storage technology：the views of educated people in China[J]. Clean technologies and environmental policy，2017，19(8)：2041-2056.

[69] 汪航，李小春，仲平，等. CCUS项目成本核算方法与融资[M]. 北京：科学出版社，2018.

[70] 陆诗建，贡玉萍，刘玲，等. 有机胺CO_2吸收技术研究现状与发展方向[J]. 洁净煤技术，2022，28(9)：44-54.

[71] WILCOX J. Carbon capture[M]. New York：Springer，2012.

[72] 胡永乐，郝明强. CCUS产业发展特点及成本界限研究[J]. 油气藏评价与开发，2020，10(3)：15-22+2.

[73] RUBIN E S，DAVISON J E，HERZOG H J. The cost of CO_2 capture and storage[J]. International journal of greenhouse gas control，2015，40：378-400.

[74] WEI Y M，LI X Y，LIU L C，et al. A cost-effective and reliable pipelines layout of carbon capture and storage for achieving China's carbon neutrality target[J]. Journal of cleaner production，2022，379：134651.

[75] 徐冬，刘建国，王立敏，等. CCUS中CO_2运输环节的技术及经济性分析[J]. 国际石油经济，2021，29(6)：8-16.

[76] 尚丽，刘双，沈群，等. 典型CO_2利用技术的低碳成效综合评估[J]. 化工进展，2022，41(3)：1199-1208.

[77] 赵毅，钱新凤，张自丽. CO_2资源化技术分析及应用前景[J]. 科学技术与工程，2014，14(16)：175-183.

[78] ISHAQ H，CRAWFORD C. CO_2-based alternative fuel production to support development of CO_2 capture，utilization and storage[J]. Fuel，2023，331.

[79] 苏静，张宗飞，张大洲. CO_2加氢制甲醇的技术进展及展望[J]. 化肥设计，2022，60(2)：6-9+14.

[80] 林海周，罗志斌，裴爱国，等. CO_2 与氢合成甲醇技术和产业化进展 [J]. 南方能源建设，2020，7(2)：14-19.

[81] 王集杰，韩哲，陈思宇，等. 太阳燃料甲醇合成 [J]. 化工进展，2022，41(3)：1309-1317.

[82] 徐进，丁显，宫永立，等. 电解水制氢厂站经济性分析 [J]. 储能科学与技术，2022，11(7)：2374-2385.

[83] 张少阳，商阳阳，赵瑞花，等. 电催化还原 CO_2 制一氧化碳催化剂研究进展 [J]. 化工进展，2022，41(4)：1848-1857.

[84] 李泽洋，杨宇森，卫敏. CO_2 还原电催化剂的结构设计及性能研究进展 [J]. 化学学报，2022，80(2)：199-213.

[85] 陈为，魏伟，孙予罕. CO_2 光电催化转化利用研究进展 [J]. 中国科学：化学，2017，47(11)：1251-1261.

[86] KAZEMIFAR F. A review of technologies for carbon capture, sequestration, and utilization: cost, capacity, and technology readiness[J]. Greenhouse gases-science and technology，2022，12(1)：200-230.

[87] 秦阿宁，吴晓燕，李娜娜，等. 国际碳捕集、利用与封存(CCUS)技术发展战略与技术布局分析 [J]. 科学观察，2022，17(4)：29-37.

[88] 高苏凡，高振轩. 基于专利分析的我国碳捕集、利用与封存技术的发展态势研究 [J]. 科技传播，2022，14(21)：1-4+9.

[89] 许景龙. 专利情报视角下"CCUS"技术研发态势分析 [J]. 中国发明与专利，2022，19(3)：42-52.

[90] 肖涵彬，李明，田世杰，等. 碳中和背景下碳捕集、利用与封存技术专利发展研究——基于知识图谱的可视化分析 [J]. 热力发电，2021，50(12)：122-131.

[91] 李琦，刘桂臻，李小春，等. 多维度视角下 CO_2 捕集利用与封存技术的代际演变与预设 [J]. 工程科学与技术，2022，54(1)：157-166.

[92] 张帆. "双碳"目标下 CCUS 产业化模式面临的挑战、对策及发展方向 [J]. 现代化工，2022，42(9)：13-17.

[93] 赵震宇，姚舜，杨朔鹏，等. "双碳"目标下：中国 CCUS 发展现状、存在问题及建议 [J]. 环境科学，2023，44(2)：1128-1138.

[94] 张贤，李阳，马乔，等. 我国碳捕集利用与封存技术发展研究 [J]. 中国工程科学，2021，23(6)：70-80.

[95] 董书豪. 我国碳捕获、利用与封存 (CCUS) 技术的发展现状与展望 [J]. 广东化工，2021，48(17)：69-70.

[96] 王柯钦. CO_2 捕集、利用与封存技术应用研究 [J]. 新型工业化，2022，12(7)：212-215.

[97] 宋欣珂，张九天，王灿. 碳捕集、利用与封存技术商业模式分析 [J]. 中国环境管理，2022，14(1)：38-47.

[98] 李家全. 碳捕集利用与封存项目决策方法及其应用研究 [D]. 北京：中国矿业大学，2019.

[99] 赵荣钦，丁明磊，黄贤金. 中国碳捕集、利用与封存技术的政策体系研究 [J]. 国土资源科技管理，2013，30(3)：116-122.

[100] 黄莹，廖翠萍，赵黛青. 中国碳捕集，利用与封存立法和监管体系研究 [J]. 气候变化研究进展，2016，12(4)：348-354.

[101] LI Q, SONG R, LIU X, et al. Monitoring of carbon dioxide geological utilization and storage in China: A review[J]. Acid gas extraction for disposal and related topics，2016，33：1-358.

[102] 刘牧心，梁希，林千果，等. 碳中和驱动下 CCUS 项目衔接碳交易市场的关键问题和对策分析 [J]. 中国电机工程学报，2021，41(14)：4731-4739.

[103] 荣佳，彭勃，刘琦，等. 碳市场对碳捕集、利用与封存产业化发展的影响 [J]. 热力发电，2021，50(1)：43-46.

[104] 李阳，赵清民，薛兆杰. "双碳目标"下 CCUS 技术及产业化发展路径 [J/OL]. 石油钻采工艺，2023[2022-12-16]. https：//kns.cnki.net/kcms/detail/13.1072.TE.20220225.1758.002.html.

[105] Yao X, Zhong P, Zhang X, et al. Business model design for the carbon capture utilization and storage(CCUS)project in China[J]. Energy policy，2018，121：519-533.

[106] Muslemani H, Liang X, Kaesehage K, et al. Business models for carbon capture, utilization and storage technologies in the steel sector: a qualitative multi-method study[J]. Processes，2020，8(5)：576.

[107] 张丽，马善恒. CO_2 资源转化利用关键技术机理、现状及展望 [J/OL]. 应用化工：1-7[2023-05-06].https：//doi.org/10.16581/j.cnki.issn1671-3206.20230404.005.

附表1 中国CCUS相关政策规划

发布时间	发文机构	发文号	政策文件通知	CCUS相关内容
2006年2月	国务院	国发〔2005〕44号	《国家中长期科学和技术发展规划纲要（2006—2020年）》	"开发高效、清洁和CO_2近零排放的化石能源开发利用技术"被《规划纲要》列为重点研究方向
2008年3月28日	国务院	国发〔2007〕17号	《中国应对气候变化国家方案》	"大力开发煤液化以及煤气化、煤化工等转化技术，煤气化为基础的多联产系统技术，CO_2捕获及利用、封存技术等"，《国家方案》将发展CCUS相关技术列入温室气体减排的重点领域
2007年6月13日	科技部、国家发展改革委等	国科发社字〔2007〕407号	《中国应对气候变化科技专项行动》	控制温室气体排放和减缓气候变化的技术开发包括CO_2捕集、利用与封存技术，《专项行动》将发展CCUS列入控制温室气体排放的重点领域，CCUS被列为应对气候变化重点任务之一
2008年10月1日	国务院新闻办公室、国家应对气候变化战略研究和国际合作中心	—	《中国应对气候变化的政策与行动》白皮书（2008）	中国已确定将重点研究的减缓温室气体排放技术包括：CO_2捕集、利用与封存技术等
2011年5月31日	国土资源部（现自然资源部）与科技部	国土资发〔2011〕70号	《国土资源"十二五"规划纲要》	列出了与CCUS相关的地质研究和技术开发情况

续表

发布时间	发文机构	发文号	政策文件/通知	CCUS相关内容
2011年7月13日	科技部	国科发计〔2011〕270号	《国家"十二五"科学和技术发展规划》	"发展林草固碳等增汇、CO_2捕集利用和封存等技术。"将CCUS技术作为培育和发展节能环保战略性新兴产业的重要技术之一，以及作为支撑可持续发展、有效应对气候变化的重要技术措施
2011年9月	科技部、中国21世纪议程管理中心	—	《中国碳捕集、利用与封存技术发展路线图》	系统评估了我国CCUS技术现状，提出我国CCUS技术发展的愿景和未来20年技术发展目标，各阶段应优先开展的研发示范行动
2011年9月13日	国土资源部（现自然资源部）	国土资发〔2011〕137号	《国土资源"十二五"科学和技术发展规划》	提出开展地质碳汇和CO_2地质储存技术攻关，包括开展地质碳储方法、捕获和封存（CCS）工艺及监测技术攻关
2011年12月1日	国务院	国发〔2011〕41号	《"十二五"控制温室气体排放工作方案》	开展CCUS示范项目，鼓励开展具有自主知识产权的新技术的相关研究
2011年12月5日	国家能源局	国能科技〔2011〕395号	《国家能源科技"十二五"规划（2011—2015）》	开展燃煤电厂大容量CO_2捕集与资源化利用技术，研究内容包括新型吸收剂、新型CO_2捕集系统以及低品位热集成系统；CO_2资源化利用技术；地下盐穴储存技术等
2012年3月22日	国家发展改革委	发改能源〔2012〕640号	《煤炭工业发展"十二五"规划》	支持CCUS的研究和示范项目
2012年7月11日	科技部、外交部、国家发展改革委等	国科发计〔2012〕700号	《"十二五"国家应对气候变化科技发展专项规划》	进行CCUS的研究和示范，并说明研究的重点行业

续表

发布时间	发文机构	发文号	政策文件通知	CCUS相关内容
2012年12月31日	工业和信息化部、国家发展改革委、科技部等	工信部联节[2012]621号	《工业领域应对气候变化行动方案（2012—2020年）》	在工业部门开展CCUS研究、示范项目和能力建设
2013年1月23日	国务院	国发[2013]2号	《能源发展"十二五"规划》	开展IGCC项目（400~500 MW）和CCUS示范项目
2013年1月15日	国务院	国发[2013]4号	《"十二五"国家自主创新能力建设规划》	实施低碳技术创新及产业化示范工程，加强碳捕集、利用和封存等技术研发和应用能力
2013年3月11日	科技部	国科发社[2013]142号	《"十二五"国家碳捕集利用与封存科技发展专项规划》	推广CCUS全链条示范项目，实现技术突破
2013年3月7日	国家发展改革委	—	《战略性新兴产业重点产品和服务指导目录》（2016.9.21修订）	明确了CCUS是一种先进的环保技术之一
2013年3月4日	国务院	国发[2013]8号	《国家重大科技基础设施建设中长期规划（2012—2030年）》	对支持应对气候变化的CCUS基础设施的研究
2013年5月9日	国家发展改革委	发改气候[2013]849号	关于推动碳捕集、利用和封存试验示范的通知	推动CCUS试验示范，探索激励机制，加强战略规划和标准规范制定
2013年8月1日	国务院	国发[2013]30号	关于加快发展节能环保产业的意见	提前部署CCUS设施

附表1 中国CCUS相关政策规划

续表

发布时间	发文机构	发文号	政策文件通知	CCUS相关内容
2013年10月28日	环境保护部（现生态环境部）	环办〔2013〕101号	关于加强碳捕集、利用和封存试验示范项目环境保护工作的通知	加强CCUS环境影响评价、监测，建立环境风险防控体系，推动环境标准规范制定，加强基础研究和技术示范
2014年5月15日	国务院办公厅	国办发〔2014〕23号	《2014—2015年节能减排低碳发展行动方案》	实施碳捕集、利用和封存示范工程
2014年9月5日	国家发展改革委	—	《国家重点推广的低碳技术目录》（第一批）	CCUS类技术被列为我国重点推广的低碳技术五大类之一
2014年9月19日	国家发展改革委、环境保护部（现生态环境部）、国家能源局	发改能源〔2014〕2093号	《煤电节能减排升级与改造行动计划（2014—2020年）》	对CCS进行深入的研究和示范
2014年11月4日	国家发展改革委	发改气候〔2014〕2347号	《国家应对气候变化规划（2014—2020年）》	"积极探索CO_2资源化利用的途径、技术和方法。"开展CCUS全链集成示范项目，探索CO_2的利用途径
2014年11月12日	—	—	《中美气候变化联合声明》	促进双方在碳捕集和封存技术、建筑能效和清洁汽车方面的合作；推进碳捕集、利用和封存重大示范，深入研究和监测利用工业排放CO_2进行碳封存，并就向深盐水层注入CO_2以表征淡水的提高采收率新试验项目进行合作

续表

发布时间	发文机构	发文号	政策文件通知	CCUS相关内容
2014年12月26日	国家能源局、环境保护部（现生态环境部）、工业和信息化部	国能煤炭〔2014〕571号	《国家能源局 工业和信息化部 环境保护部关于促进煤炭安全绿色开发和清洁高效利用的意见》	开展CCUS的研究和示范项目
2015年4月27日	国家能源局	国能煤炭〔2015〕141号	《煤炭清洁高效利用行动计划（2015—2020年）》	鼓励在煤炭和天然气相关行业中部署CCUS跨部门合作
2015年12月18日	国家发展改革委	—	《国家重点推广的低碳技术目录》（第二批）	包括碳捕集、利用与封存类技术
2016年6月1日	国家发展改革委、国家能源局	发改能源〔2016〕513号	《能源技术革命创新行动计划（2016—2030年）》	CCUS被列为能源技术革命重点，提出CCUS战略方向及2020、2030、2050年发展目标
2016年6月21日	环境保护部（现生态环境部）	环办科技〔2016〕64号	《CO_2捕集、利用与封存环境风险评估技术指南（试用）》	澄清对CCUS项目的风险评估。本指南适用于陆上新建或改扩建CO_2捕集、地质利用与地质封存项目的环境风险评估，不适用于CO_2化工利用和生物利用项目的环境风险评估
2016年6月30日	工业和信息化部	工信部规〔2016〕225号	《工业绿色发展规划（2016—2020年）》	鼓励建材、化工等行业实施碳捕集，利用与封存试点示范，加强CO_2在石油开采、食品加工等领域的应用

附表1 中国CCUS相关政策规划

续表

发布时间	发文机构	发文号	政策文件/通知	CCUS相关内容
2016年8月10日	国务院	国发〔2016〕43号	《"十三五"国家科技创新规划》	重点加强燃煤CO_2捕集、利用、封存的研发,开展燃烧后CO_2捕集实现百万吨/年的规模化示范
2016年10月27日	国务院	国发〔2016〕61号	《"十三五"控制温室气体排放工作方案》	制定CCUS标准;在煤基行业和油气开采行业开展CCUS示范;推进工业领域试点并做好环境风险评价
2016年11月29日	国务院	国发〔2016〕67号	《"十三五"国家战略性新兴产业发展规划》	支持碳捕集、利用和封存技术研发与应用,发展碳循环产业
2016年12月30日	国家能源局	国能科技〔2016〕397号	《能源技术创新"十三五"规划》	针对能源技术创新中亟需突破的前沿技术规划了重点任务。其中包括集中攻关研发低能耗大规模CO_2捕集工艺与设备
2016年12月30日	国家发展改革委、国家能源局	发改能源〔2016〕2714号	《煤炭工业发展"十三五"规划》	列出燃煤CO_2捕集、利用、封存等关键技术作为煤炭科技发展的重点
2016年12月29日	国家发展改革委、国家能源局	发改基础〔2016〕2795号	《能源生产和消费革命战略(2016—2030)》	低能耗碳减排和硫捕集封存利用技术,深入研究经济性全收集全处理的碳捕集、利用与封存技术,开展碳捕集利用与封存试点
2017年2月4日	国家发展改革委	—	《战略性新兴产业重点产品和服务指导目录(2016版)》	将"控制温室气体排放技术装备:碳减排及碳转化利用技术装备,碳捕捉及碳封控制技术装备"单独列入;CCUS技术及利用系统被列入战略性新兴产业重点产品和服务指导目录

续表

发布时间	发文机构	发文号	政策文件/通知	CCUS相关内容
2017年4月1日	国家发展改革委	—	《国家重点节能低碳技术推广目录》(2017年本 低碳部分)	富含CO的气态二次能源综合利用技术,应用于钢铁、化工等行业CO回收利用
2017年5月18日	科技部、环境保护部(现生态环境部)等	国科发社〔2017〕120号	《"十三五"应对气候变化科技创新专项规划》	推进减缓气候变化技术的研发和应用示范,设立大规模低成本碳捕集、利用与封存(CCUS)关键技术专栏;继续推进大规模低成本碳捕集、利用与封存技术与低碳减排技术研发与应用示范
2019年5月17日	科技部、中国21世纪议程管理中心	—	《中国碳捕集利用与封存技术发展路线图》(2019版)	新形势下对CCUS技术重新定位,进一步明确CCUS发展方向,以存推进第一代捕集技术向第二代捕集技术水平稳过渡;调整CCUS技术的发展目标和研发部署,为相关政策的制定执行和项目的顺利实施提供科技支撑
2019年10月30日	国家发展改革委	—	《产业结构调整指导性目录(2019年本)》	在建材行业鼓励烟气CO₂捕集纯化综合利用方面、在环境保护与资源节约综合利用方面,包含碳捕集、利用与封存技术装备
2020年10月21日	生态环境部、国家发展改革委等	环气候〔2020〕57号	《关于促进应对气候变化投融资的指导意见》	CCUS被纳入减缓气候变化方面的投融资范围
2020年12月31日	国家发展改革委、科技部、工业和信息化部、自然资源部	发改办环资〔2020〕990号	《绿色技术推广目录(2020年)》	将CO₂捕集、运输、驱油、埋藏工程技术纳入其中,核心技术及工艺包括基于"AEA胺液""CO₂双塔解吸节能工艺"等;CO₂混相气驱、辅助蒸汽吞吐和非混相驱+刚性水驱等采油技术

附表1 中国CCUS相关政策规划

续表

发布时间	发文机构	发文号	政策文件/通知	CCUS相关内容
2021年1月11日	生态环境部	环综合〔2021〕4号	《关于统筹和加强应对气候变化与生态环境保护相关工作的指导意见》	积极推动重大科技创新和工程示范，有序推动规模化、全链条CO_2捕集、利用和封存示范工程建设
2021年2月22日	国务院	国发〔2021〕4号	《关于加快建立健全绿色低碳循环发展经济体系的指导意见》	CCUS包括在关于加快基础设施建设以进行绿色升级的部分中：推动能源体系绿色低碳转型，开展CO_2捕集、利用和封存试验示范
2021年3月13日	全国人民代表大会	—	《中华人民共和国国民经济和社会发展第十四个五年规划和2035年远景目标纲要》	CCUS首次被纳入国家五年计划，实施CCUS重大项目示范
2021年4月2日	中国人民银行、国家发展改革委、证监会	银发〔2021〕96号	《绿色债券支持项目目录（2021年版）》	在清洁能源产业方面包括CO_2捕集、利用与封存工程建设和运营
2021年4月17日	—	—	《中美应对气候危机联合声明》	CCUS被列入21世纪20年代旨在实现巴黎协定温升限制目标的具体行动讨论中
2021年5月28日	生态环境部、国家发展改革委等	环综合〔2021〕44号	《关于加强自由贸易试验区生态环境保护推动高质量发展的指导意见》	探索并开展大规模的全链CCUS示范项目

续表

发布时间	发文机构	发文号	政策文件/通知	CCUS相关内容
2021年5月30日	生态环境部	环环评〔2021〕45号	《关于加强高能耗、高排放建设项目生态环境源头防控的指导意见》	鼓励有条件的地区、企业探索实施减污降碳协同治理和碳捕集、封存、综合利用工程试点和示范
2021年6月23日	国家发展改革委	发改办环资〔2021〕496号	关于请报送CO_2捕集利用与封存（CCUS）项目有关情况的通知	CCUS项目信息收集，评估现状，有力组织后续工程。报送项目范围包括已经投入运营项目、在建项目和拟于"十四五"期间开工建设的项目
2021年7月12日	教育部	教科信函〔2021〕30号	《高等学校碳中和科技创新行动计划》	围绕零碳能源、零碳原料/燃料与工艺替代、CO_2捕集/利用与封存、集成耦合与优化、碳负排放等关键技术创新需求，开展碳减排、碳零排、碳负排新技术原理研究。加快碳负排关键技术攻关，加强CO_2地质利用、CO_2高效转化燃料化学品、直接空气CO_2捕集、生物炭土壤改良等碳负排放技术创新
2021年10月10日	国家市场监督管理总局、中央网信办、国家发展改革委	国市监标技发〔2022〕64号	《国家标准化发展纲要》	进行研究并建立CCUS标准
2021年10月11日	第二次中欧环境与气候高层对话	—	《第二次中欧环境与气候高层对话联合新闻公报》	双方同意继续扩大生物多样性保护，化学品管理、气候立法、节能节能、循环经济、可再生能源、绿色金融、CCUS、氢能源等领域的合作色建筑、绿色交通、绿
2021年10月24日	中共中央、国务院	—	关于完整准确全面贯彻新发展理念做好碳达峰碳中和工作的意见	推进规模化CCUS技术研发、示范和产业化应用，加大投资政策支持力度

续表

发布时间	发文机构	发文号	政策文件/通知	CCUS相关内容
2021年10月26日	国务院	国发〔2021〕23号	《2030年前碳达峰行动方案》	通过CCUS研究、示范和国际合作，加快其在行业中的应用，实现低成本的大规模商业部署
2021年10月27日	国务院新闻办公室	—	《中国应对气候变化的政策与行动》	成立CO_2捕集、利用与封存（以下简称CCUS）创业技术创新战略联盟，CCUS专委会等专门机构，持续推动CCUS领域技术进步、成果转化
2021年10月28日	中国政府	—	《中国落实国家自主贡献成效和新目标新举措》	CCUS作为基础和尖端技术之一，专注于技术研究、示范、工业应用和国际合作
2021年10月29日	国家发展改革委、国家能源局	发改运行〔2021〕1519号	《全国煤电机组改造升级实施方案》	加强煤电技术改关，包括燃煤电厂大规模CO_2捕集利用与封存技术
2021年11月10日	中美政府	—	《中美关于在21世纪20年代强化气候行动的格拉斯哥联合宣言》	在部署和应用技术，如碳捕集、利用、封存和直接空气捕集方面开展合作
2021年11月15日	工业和信息化部	工信部规〔2021〕178号	《"十四五"工业绿色发展规划》	开展CO_2耦合制化学品、可再生能源电解制氢、百万吨级CO_2捕集利用与封存等重大降碳工程示范
2021年12月23日	生态环境部、国家发展改革委、工业和信息化部等	环办气候〔2021〕27号	《气候投融资试点工作方案》	在减缓气候变化方面，开展碳捕集、利用与封存试点示范

续表

发布时间	发文机构	发文号	政策文件通知	CCUS相关内容
2021年12月30日	国务院国资委	国资发科创〔2021〕93号	《关于推进中央企业高质量发展做好碳达峰碳中和工作的指导意见》	加强CCUS技术突破，推进低成本、全链、集成、规模化的示范项目
2022年2月10日	国家发展改革委、国家能源局	发改能源〔2022〕206号	《关于完善能源绿色低碳转型体制机制和政策措施的意见》	完善燃煤电厂和油气企业的CCUS技术发展和示范的政策支持
2022年2月11日	国家发展改革委、工业和信息化部等	发改产业〔2022〕200号	《高耗能行业重点领域节能降碳改造升级实施指南（2022年版）》	CCUS示范项目在煤化工、水泥、平板玻璃、钢铁领域得到了突出体现
2022年3月22日	国家发展改革委、国家能源局	发改能源〔2022〕210号	《"十四五"现代能源体系规划》	在山西、陕西、内蒙古、新疆等省（区）的重大国家示范项目中提到了CCUS，探索了商业途径，加强了国际合作
2022年3月28日	工业和信息化部、国家发展改革委、科技部、生态环境部、应急部、国家能源局	工信部联原〔2022〕34号	《关于"十四五"推动石油化工行业高质量发展的指导意见》	利用炼化、煤化工装置所排CO₂纯度高、捕集成本低等特点，开展CO₂规模化捕集、封存、驱油和制化学品等示范
2022年3月29日	国家能源局	国能发规划〔2022〕31号	《2022年能源工作指导意见》	建立聚焦于CCUS等五大方向的创新平台

附表1 中国CCUS相关政策规划

续表

发布时间	发文机构	发文文号	政策文件/通知	CCUS相关内容
2022年4月2日	国家能源局、科技部	国能发科技〔2021〕58号	《"十四五"能源领域科技创新规划》	强调了CCUS技术在枯竭油田和煤炭绿色利用中的应用和开发，其中规划了大型全链示范项目和相关技术研究
2022年4月22日	国家发展改革委、国家统计局、生态环境部	发改环资〔2022〕622号	《关于加快建立统一规范的碳排放统计核算体系实施方案》	推动对非CO_2温室气体排放、碳捕集封存与利用、碳汇丰领域的核算方法学研究，进一步夯实方法学基础
2022年4月24日	教育部	教高函〔2022〕3号	《加强碳达峰碳中和高等教育人才培养体系建设工作方案》	培养和吸引CCUS相关人才
2022年6月1日	国家发展改革委、国家能源局等	发改能源〔2021〕1445号	《"十四五"可再生能源发展规划》	鼓励BECCS研发示范
2022年6月10日	生态环境部、国家发展改革委、工业和信息化部等	环综合〔2022〕42号	《减污降碳协同增效实施方案》	推动CCUS在工业领域应用、技术试点应用
2022年7月6日	国家市场监管总局、中央网信办、国家发展改革委、科技部等	国市监标发发〔2022〕64号	《贯彻实施《国家标准化发展纲要》行动计划》	研究制定生态碳汇、碳捕集利用与封存标准

续表

发布时间	发文机构	发文号	政策文件/通知	CCUS相关内容
2022年8月1日	工业和信息化部、国家发展改革委、生态环境部	工信部联节〔2022〕88号	《工业领域碳达峰实施方案》	布局CCUS技术，在钢铁、建材、石化化工重点行业加快CCUS应用和示范。
2022年8月18日	科技部、国家发展改革委、工业和信息化部	国科发社〔2022〕157号	《科技支撑碳达峰碳中和实施方案（2022—2030年）》	强调，聚焦碳捕集利用与封存（CCUS）技术的全生命周期能效提升和成本降低，着眼长远加大CCUS与清洁能源融合的工程技术研发，开展矿化封存、陆上和海洋地质封存技术研究，力争到2025年实现单位CO_2捕集能耗比2020年下降20%，到2030年下降30%，实现捕集成本大幅下降
2022年10月9日	国家能源局	—	《能源碳达峰碳中和标准化提升行动计划》	围绕能源领域CO_2捕集利用与封存（CCUS）有关技术研发和项目建设需求，加快推进相关标准管理体系和标准体系完善，推进CO_2捕集、输送、封存监测、泄漏预警、驱油等关键环节标准制修订
2022年10月18日	国家市场监管总局、国家发展改革委、工业和信息化部等	国市监计量发〔2022〕92号	《建立健全碳达峰碳中和标准计量体系实施方案》	加快布局碳清除标准体系，加快生态系统固碳和增汇、碳捕集利用与封存、直接空气碳捕集等碳清除技术标准研制
2022年10月26日	教育部	教发〔2022〕2号	《绿色低碳发展国民教育体系建设实施方案》	支持具备条件和实力的高等学校加快储能、氢能、碳捕集利用与封存、碳排放权交易、碳汇、绿色金融等科学专业建设

附表1　中国CCUS相关政策规划

续表

发布时间	发文机构	发文号	政策文件/通知	CCUS相关内容
2022年11月2日	科技部、生态环境部、住房和城乡建设部、中国气象局、国家林业和草原局	国科发社〔2022〕238号	《"十四五"生态环境领域科技创新专项规划》	在应对气候变化方面，开展二代捕集、CO_2利用关键技术研发与示范，基于CCUS的负排放技术研发与示范，碳封存潜力评估及源汇匹配研究，海洋咸水层、陆地合油地层等封存技术示范，百万吨级大规模碳捕集与封存区域示范，以及工业行业CCUS全产业链集成示范，建成中国CCUS集群化评价应用示范平台
2022年11月18日	科技部、住房和城乡建设部	国科发社〔2022〕320号	《"十四五"城镇化与城市发展科技创新专项规划》	加强城镇发展低碳转型系统研究中市政基础设施低碳减排与提质增效，研究供排水设施低碳排放与提质增效协同优化技术和污水收集处理过程中温室气体控制与碳捕集技术
2022年12月	生态环境部	—	《国家重点推广的低碳技术目录（第四批）》	适用于石油化工行业的两项碳捕集、利用与封存类技术：陆相沉藏CO_2高效驱油与规模理封存一体化技术和新型高效低能耗CO_2捕集技术

附表 2　中国 CCUS 相关标准指南

标准名称	标准编号	标准类型	发布时间	实施时间	状态	主要起草单位	范围和主要内容
《二氧化碳捕集、输送和地质封存管道输送系统》	GB/T 42797—2023	国家标准	2023.05.23	2023.09.01	现行	中国石油集团工程材料研究院有限公司、长庆工程设计有限公司等	本文件规定了CO_2流输送管道安全可靠性设计、建设和运营等方面的要求和推荐做法。本文件还规定了CO_2流的介质性质、CO_2输送和监测相关的健康、安全、环境等方面内容。本文件适用于：刚性金属管道；输送CO_2流的陆上及近海管道管系统；已建管道改造的CO_2流输送管道；以储存或利用为目的的CO_2流管道输送；以气相和密相输送的CO_2
《二氧化碳产品技术规范》	T/CIECCPA 022—2023	团体标准	2023.06.08	2023.06.12	现行	中国矿业大学、浙江菲达环保科技股份有限公司等	本文件规定了CO_2产品的技术要求、试验方法、CO_2安全警示及标志、包装、运输和贮存。本文件适用于不同用途CO_2产品的质量要求，包括地质封存、电子工业、驱油、灭火器、医用、食品添加剂、工业液体、高纯CO_2，其他应用可参照执行

附表 2　中国 CCUS 相关标准指南　199

续表

标准名称	标准编号	标准类型	发布时间	实施时间	状态	主要起草单位	范围和主要内容
《循环流化床吸附法捕集二氧化碳装置》	T/CIECCPA 023—2023	团体标准	2023.06.08	2023.06.12	现行	中国矿业大学、浙江菲达环保科技股份有限公司等	本文件规定了循环流化床吸附法捕集CO_2装置的设备组成、技术要点、试验方法、包装规则及标志、运输和贮存。本文件适用于燃煤烟气循环流化床吸附法捕集CO_2装置的制造,其他CO_2捕集装置可参考执行
《低压低浓度二氧化碳两级变压吸附提浓设备》	T/CIECCPA 024—2023	团体标准	2023.06.08	2023.06.12	现行	中国科学院山西煤炭化学研究所、浙江菲达环保科技股份有限公司等	本文件规定了低压CO_2两级变压吸附提浓设备的组成、技术要求、试验方法、检验规则及标志、包装、运输和贮存。本文件适用于采用固体吸附剂两级变压吸附低压低浓度CO_2提浓设备的设计和制造
《烟气二氧化碳捕集工程可行性研究报告编制技术规范》	T/CIECCPA 018—2022	团体标准	2022.12.14	2022.12.19	现行	中国矿业大学、浙江菲达环保科技股份有限公司等	本文件规定了烟气CO_2捕集工程可行性研究报告的总论、厂址及自然和社会条件、建设规模及总工艺流程、公用工程、非标准设备、总图运输、自动控制、建筑和结构、消防、节能、环境保护、安全、职业安全卫生、辅助生产设施、组织机构和定员及人员培训、投资估算、财务评价及附件。本文件适用于新建、改建和扩建烟气CO_2捕集工程可行性研究报告的起草

续表

标准名称	标准编号	标准类型	发布时间	实施时间	状态	主要起草单位	范围和主要内容
《二氧化碳驱油封存项目碳减排量核算技术规范》	DB37/T 4548—2022	地方标准	2022.10.21	2022.11.21	现行	中国石油化工股份有限公司胜利油田分公司	本文件规定了CO_2驱油封存项目CO_2减排量核算和报告相关术语和定义、核算边界、核算工作流程、核算方法与数据获取、CO_2减排量计算、数据质量与报告要求等内容。本文件适用于CO_2驱油封存项目CO_2减排量核算
《钢铁石灰窑烟气二氧化碳捕集装备》	T/CIECCPA 014—2022	团体标准	2022.11.09	2022.11.14	现行	浙江菲达环保科技股份有限公司,中国矿业大学等	本文件规定了钢铁石灰窑烟气CO_2捕集装备的组成、技术要求、试验方法、检验规则及包装、标志和文件及包装、运输和贮存。本文件适用于钢铁石灰窑烟气CO_2捕集装备。其他行业低压低浓度烟气、尾气CO_2捕集装备可参照执行
《二氧化碳捕集系统用气溶胶捕集装置》	T/CIECCPA 013—2022	团体标准	2022.11.08	2022.11.11	现行	浙江大学、浙江菲达环保科技股份有限公司等	本文件规定了CO_2捕集系统用气溶胶捕集装置的技术要求、试验方法、检验规则、标志和文件及包装、运输和贮存。本文件适用于燃煤烟气CO_2捕集系统用气溶胶捕集装置。建材、冶金、化工等行业以及燃气、垃圾和生物质燃烧尾气采用的CO_2捕集装置可参照执行

附表2 中国CCUS相关标准指南

续表

标准名称	标准编号	标准类型	发布时间	实施时间	状态	主要起草单位	范围和主要内容
《燃煤烟气二氧化碳捕集塔》	T/CIECCPA 012—2022	团体标准	2022.11.08	2022.11.11	现行	浙江大学、浙江天浩环境科技股份有限公司等	本文件规定了燃煤烟气CO_2捕集塔的组成、技术要求、试验方法、检验规则、标志和文件及包装、运输和贮存。本文件适用于采用有机胺吸收燃煤烟气CO_2的钢制吸收塔的制造。建材、化工、冶金、石油、燃气及燃气、垃圾和生物质燃烧等行业尾气采用的CO_2捕集装备可参照执行
《二氧化碳捕集利用与封存术语》	T/CSES 41—2021	团体标准	2021.12.22	2022.01.01	现行	生态环境部环境规划院、中国科学院武汉岩土力学研究所等	本文件规定了CCUS相关术语，CO_2捕集和运输相关术语、CO_2利用与封存相关术语、CCUS监测和测量性能相关术语和风险相关术语，适用于化工、火电、钢铁、水泥等高排放行业的CO_2捕集、化工利用、地质利用及地质封存等相关领域的科研、管理、教学和生产活动
《钢铁企业O_2-CO_2气体混合利用技术规范》	YB/T 4890—2021	行业标准	2021.03.05	2021.07.01	现行	首钢集团有限公司、北京科技大学等	本文件规定了钢铁企业O_2-CO_2气体混合利用的设备要求、工艺要求和安全要求。本文件适用于钢铁企业冶炼工序的O_2-CO_2气体混合利用，钢铁企业氧气、氮气、氩气、CO_2、空气等气体介质的混合利用也可参照本文件

续表

标准名称	标准编号	标准类型	发布时间	实施时间	状态	主要起草单位	范围和主要内容
《烟气二氧化碳捕集纯化工程设计标准》	GB/T 51316—2018	国家标准	2018.09.11	2019.03.01	现行	中石化石油工程设计有限公司，中石化南化集团研究院等	本标准适用于新建、扩建或改建的烟气CO_2捕集纯化工程设计
《燃煤烟气二氧化碳储存装备》	JB/T 13413—2018	行业标准	2018.04.30	2018.12.01	现行	—	本标准规定了燃煤烟气CO_2管道输送与地质封存技术装备的术语和定义、系统组成、技术要求、试验、调试、运行、维护、验收、标志、包装、贮存、运输、职业卫生和消防。本标准适用于燃煤烟气CO_2管道输送与地质封存技术装备，其他非燃煤烟气CO_2管道输送与地质封存技术装备可参照执行
《二氧化碳制甲醇技术导则》	GB/T 34236—2017	国家标准	2017.09.07	2018.04.01	现行	西南化工研究设计院有限公司，河北冀中能源峰峰集团等	—
《二氧化碳制甲醇安全技术规程》	GB/T 34250—2017	国家标准	2017.09.07	2018.04.01	现行	西南化工研究设计院有限公司，河北冀中能源峰峰集团等	—

续表

标准名称	标准编号	标准类型	发布时间	实施时间	状态	主要起草单位	范围和主要内容
《燃煤烟气二氧化碳捕集装备》	JB/T 12909—2016	行业标准	2016.10.22	2017.04.01	现行	—	本标准规定了燃煤烟气有机胺吸收法CO_2捕集装备的术语和定义、要求、调试、启动及验收、运行与维护、安全防护要求、标志、标牌、包装、运输和贮存。本标准适用于燃煤锅炉烟气有机胺吸收法CO_2捕集需采用的装备。燃气、燃油、拉圾和生物质燃烧烟气冶金化工行业的尾气采用的有机胺吸收法CO_2捕集装备可参考执行
《燃煤烟气碳捕集装置调试规范》	JB/T 12535—2015	行业标准	2015.10.10	2016.03.01	现行	—	本标准规定了燃煤烟气化学吸收法CO_2捕集装置(以下简称碳捕集装置)调试规范的术语和定义、总则、启动调试工作、试运、质量验收和评定所遵循的标准和要求。本标准适用于燃煤烟气采用化学吸收法CO_2捕集为每年100万t或以下,采用化学吸收法的CO_2捕集装置的调试。其他碳捕集技术装置的调试可参照执行

续表

标准名称	标准编号	标准类型	发布时间	实施时间	状态	主要起草单位	范围和主要内容
《燃煤烟气碳捕集装置运行规范》	JB/T 12536—2015	行业标准	2015.10.10	2016.03.01	现行	—	本标准规定了燃煤烟气化学吸收法CO_2捕集装置（以下简称碳捕集装置）运行规范的术语和定义、总则、运行调整、装置启动、运行停运、安全运行、主要故障处理、运行和维护管理等内容。本标准适用于燃煤烟气CO_2捕集法为每年100万t或以下，采用化学吸收法的CO_2捕集装置的运行、维护和安全管理
《燃煤电厂二氧化碳排放统计指标体系》	DL/T 1328—2014	行业标准	2014.03.18	2014.08.01	现行	中国电力企业联合会、国电科学技术研究院	本标准规定了燃煤电厂CO_2排放统计指标。本标准适用于燃煤电厂发电和供热生产过程中CO_2排放数据的收集和统计